U0176184

春潮NOV+

回到分歧的路口

内衣课

于晓丹 著

中信出版集团 | 北京

图书在版编目（CIP）数据

内衣课 / 于晓丹著. -- 北京：中信出版社，
2022.10
　ISBN 978-7-5217-4501-6

　Ⅰ.①内… Ⅱ.①于… Ⅲ.①内衣－文化研究 Ⅳ.
①TS941.713

中国版本图书馆CIP数据核字(2022)第113862号

内衣课

著　　者：于晓丹
出版发行：中信出版集团股份有限公司
　　　　　（北京市朝阳区惠新东街甲4号富盛大厦2座　邮编　100029）
承 印 者：鸿博昊天科技有限公司

开　　本：880mm×1230mm　1/32　　印　张：9　　字　数：190千字
版　　次：2022年10月第1版　　　　印　次：2022年10月第1次印刷
书　　号：ISBN 978-7-5217-4501-6
定　　价：99.00元

献给母亲

目录

现代内衣的一切基础都由它奠定。古典胸衣给予了女性内衣充足的
养分，有技术层面的，更有精神层面的。即使很多人一辈子也没有
机会亲身接触，可谁不知道它的样子呢？谁不想了解它呢？在它的
发展历史之中，写满了女性的隐忍、承受、束缚、挣扎、解脱、叛
逆，说它是女人灵魂的一部分好像也不为过。

在漫长的女性内衣发展史中，女性对于自己的存在方式已经有了越
来越明确的主张，她们早已不再按男性的好恶装扮自己，也不再因
社会角色的要求而约束自己。尊重自己的存在、尊重自己对自在和
舒服的需求，文胸设计正是在朝着这种主张不断迈进。

伍尔夫曾在 1929 年提出，女性要想写作，首先要有 500 英镑的年收入，其次要有"一间属于自己的带锁房间"。"家居服"与"一间自己的房间"一脉相承，体现了女性希望摆脱永无止境的家务、在家中拥有自由空闲时间的愿望。

衣物，女性，隐秘编织的历史

导言

卫生带

内衣历史研究者法里德·舍努恩在《隐藏在下——内衣的历史》一书中提到，由于 19 世纪以前的女式内裤十分肥大，而且开裆，所以，女人经期使用的卫生带可以算作一种真正意义上的女性内衣。如此说来，神秘、阴郁、很少见到阳光的卫生带倒的确是我最早认识的纯女性衣物。现在，我对自己青春期穿过什么样的内裤已完全没有印象，却仍能清楚记得卫生带的模样——它的外层底布总是采用颜色偏重的梭织棉布，而且总是印花的。在色彩普遍单调的年代，每次去百货店购买，虽然需要小心遮掩，心里却总是愉悦的，因为它几乎是我们那时唯一有花色可选的衣物。

与我同龄的女性，应该很少有人从母亲或学校那里接受过女性生理方面的教育，大多靠自己领悟。说起来，我的第一条卫生带便是自己偷偷缝制的。那时候大抵已经知道青春期早晚会需要这样东西，又不好意思跟母亲提，便自己动手以备不时之需。我记得做好后把它藏在了衣柜最里面的角落，却还是被母亲发现了，她一双狐疑又审慎的眼睛盯着我看了许久。

这大概算是我跟女性内衣最早的缘分，也是我最早的手工内衣作品。

文 胸

　　一个女人的一生大多要经历发育、生育、更年期等从成长到衰老的生理变化过程，乳房是这个过程的见证者，也是其最直接的反映者。

　　当乳房开始隆起的时候，我们紧张自己是否会喜欢身体即将呈现的曲线。例假前后，乳房总会出现微妙的肿胀。公司里处于哺乳期的女性，似乎总是需要躲到角落里对乳房做特别的处理。更年期开始后，我们又会担忧原先丰满的胸部会在多久后失去弹性，变得干瘪萎缩？

　　所有这些关乎乳房的问题，似乎也都关乎文胸，后者总是以"合适"或"不合适"的形式给前者直接的反馈。今天穿着合适的文胸，明天突然觉得紧了——哦，是不是我的生理期要到了？我不希望胸脯过于丰满，可否求助于不让胸部发育过快的束胸？从怀孕到哺乳期结束，那些鲜亮精美的绸缎蕾丝文胸就再也不能碰了吧？而假如有一天我们发现自己似乎没有穿文胸的必要了，我们应该就已经完成了一生所需要承担的一切女性责任，要正式进入老年了。

　　除了这些自然变化，女人的乳房还会遭遇一些更为残酷的事件，比如不幸患上乳腺癌而要将乳房部分或全部切除。

　　在这一切悲欣中，陪伴我们的除了爱，还有文胸。没有任何一种衣物比它更能让穿戴者感受到自己作为女性的存在。它是女性生命过程最冷静的见证者、最温情的守护者，也是不乏残酷的提醒者。

"日内衣"与"夜内衣"

虽说提到女性内衣，首先会想到文胸，但女性内衣不仅仅包括文胸。

我喜欢把自己家里的内衣收纳在两只箱里：一箱是"日内衣"（daywear），一箱是"夜内衣"（nightwear）；还会在箱子的把手上用"太阳"和"月亮"的标签作为标记。

用"太阳"代表的日内衣是白天穿在外衣下的，包括文胸（基础文胸、运动文胸等），内裤，塑身衣。袜子当然也可以收在这一箱里。

用"月亮"代表的夜内衣则是在卧室一类的环境里穿着的。可以是家里的卧室，也可以是与之相似的地方，比如学校宿舍。夜内衣通常包括睡衣（sleep wear）和家居服（lounge wear）。

与女性有关的衣物，常常是女性命运的反映，从裙装到裤装，从长胸衣到比基尼皆是如此。无论白天还是黑夜，无论场景如何变化，内衣一直都与女性的生命存在息息相关。

开篇 古典胸衣

藏于复古外观下的
前卫现代精神

要说内衣的历史，就让我们从古典胸衣说起吧。

所谓古典，是相对现代塑身衣里的胸衣而言的，后者虽也经常被模糊地叫作"corset"，不过主要使用的是高弹性布料；而古典胸衣最为我们熟知的元素是梭织、系绳、（金属）龙骨、钩眼扣等，就像电影《乱世佳人》里郝思嘉穿的那一件。

这样的款式现如今已经不大会出现在普通女性的内衣橱里了，不过现代内衣的一切基础都由它奠定。古典胸衣给予了女性内衣充足的养分，有技术层面的，更有精神层面的，因此它是我们无法绕过的开篇话题。即使很多人一辈子也没有机会亲身接触，可谁不知道它的样子呢？谁不想了解它呢？在它的发展历史之中，写满了女性的隐忍、承受、束缚、挣扎、解脱、叛逆，说它是女人灵魂的一部分好像也不为过。

时至今日，每逢感恩节或情人节，欧美的一些内衣专卖店里其实还是会出现古典胸衣，它往往被摆在店铺或橱窗里最引人注目的地方。它虽然离开了我们的日常，却并未真的远去。在过去的 100 多年间，始终有医生抵制古典胸衣，比如耶鲁医学院的妇产科教授玛丽·简曾说："这种胸衣并不舒服，而且从医学角度讲会限制身体活动。如果穿得太紧，喘气都困难。理论上，它还会对肋骨造成伤害。"类似的话，从 20 世纪初香奈儿决定抛弃束胸衣起就屡见不鲜。可这么多年过去了，古典胸衣仍然没有彻底退隐，反而在不断回潮，这是为什么？

因为总有人怀念它复古的外观吗？

还是怀念它复古外观下前卫又大胆的现代精神？

根据女性衣物历史学家的研究，胸衣最早出现在 16 世纪。那时候，欧洲文明刚刚经历了中世纪的"黑暗时期"，长期战争、社会停滞、思想压抑、文学艺术领域一片暗沉，作为一种服装文化而出现的胸衣自然也无法摆脱当时的社会意识形态影响。现今意大利鲁昂的一家博物馆里，存有一件 17 世纪的胸衣，完全用粗铁条镂空制作，用铆钉组装，看上去无异于古代兵士的盔甲或囚徒的枷锁，坚硬而冷酷。这种全部使用硬金属制作的束胸衣，主要功能是强制矫正女性身形，迫使她们保持直立姿态。

更为今天的我们所熟悉的古典胸衣出现在 19 世纪初，那时欧洲文明正浸润在浪漫主义风潮中，社会环境祥和，人们重新推崇起了亲近大自然的生活方式，终结了坚硬冰冷的金属胸衣，代之以温和的布质胸衣。为了达到支撑目的，布胸衣上用针脚隔出了长条格子，里面

解开胸衣的艺术绘画，约 1900 年。

内
衣
课

放置细木片和铁片，还增加了系绳，可以在背后开合并调节松紧。这样的布胸衣一改金属胸衣压抑女性特征的审美趋向，转而突出和强化女性曲线。这正是现代女性内衣的起点：塑造更细的腰、更丰满的胸和臀，成为后来百多年中女性内衣的追求。

在古典胸衣的所有元素中，系绳无疑最具话题性。

女性的内衣要靠背后的系绳勒紧和放松，因为动作很难由自己完成，需要另外一双手的帮助，就达成了某种"关系"，特别是男女关系。于是很自然地，系绳成为各种文艺创作中表达两性关系的流行元素和主题。比如当时的漫画，主角经常是男人，在给女人解开胸衣系绳：要么是晚上，丈夫给妻子解绳时一头汗水，因为早晨帮她系绳时不慎打了死结；要么是经验不足的嫖客给妓女解绳，因为手忙脚乱而遭到对方的嘲笑。那时男人中流传着一句颇有意味的话："你知道怎么打开她们吗？"（Do you know how to open them?）一语双关，明指解开女性的胸衣，暗指打开她们的身体。胸衣成了女性身体的指代，一些男性画家甚至在作品里表达了不能直视女性自然裸体的态度。在他们眼中，女人必须穿着胸衣，就像今天有些人认为女性必须化了妆才能出门一样。这类漫画总在暗示，女人的身体被操控在别人手里，而"别人"经常是男性，他们从背后解绳，往往有夺走女性贞操的象征意义。

到了19世纪40年代，情况有了改变，胸衣从原来的一片式变成了左右两片，后面仍然穿绳，前面则用一排钩眼扣（hook and eye）开合。女人可以事先调整好系绳的松紧，然后从前面穿脱，无须再借助另一双手，男性主宰女性身体的象征意义于是消失了。

不过，此时的胸衣完全靠系绳和隔骨支撑，铁片龙骨即使被后来

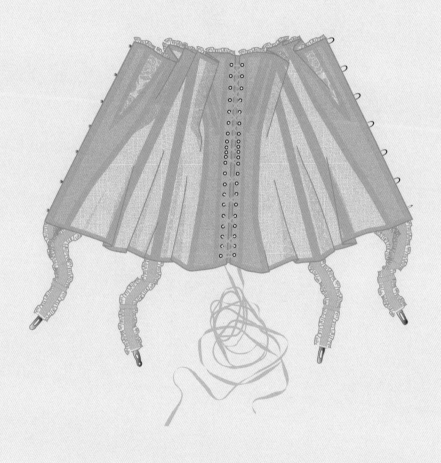

左：当时的漫画，主角经常是男人（《胸衣制衣店门外》，Honoré Daumier 绘，1840 年）。
上：胸衣从原来的一片式变成了左右两片，后面仍然穿绳，前面则用一排钩眼扣开合。

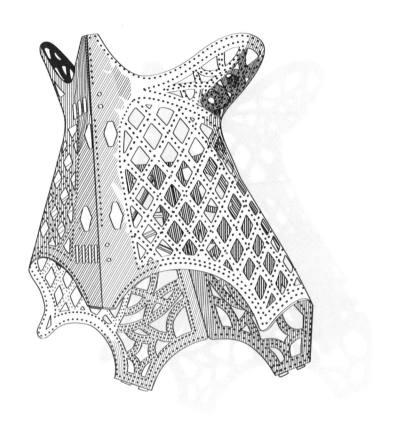

17 世纪铁质镂空胸衣，现存于意大利鲁昂一家博物馆内（作者绘）。

的鲸骨或象骨替代，仍需要有一定的重量才行。19世纪50年代，随着钢铁时代的到来，钢质龙骨开始流行，胸衣制作也进入了工业化。工业化胸衣对人体的摧残程度比中国古代女性的缠足还要惨烈，束胸勒碎肋骨、损坏内脏的事故频发，促使解放思潮和改革运动的倡导者与身体力行者，从医生到激进分子再到艺术家和诗人，都呼吁女性放弃紧勒的胸衣，解放自然身体。这其中，有一位姓华纳的医生。

卢西安·华纳医生（Dr. Lucien Warner）是纽约州的名医，19世纪末，他在执业之余进行了女性健康问题的巡回医学讲座，提醒女性注意坚硬的铁骨或鲸骨胸衣造成的伤害。不过，他发现这些讲座影响甚微，女人对于时尚的态度并没有因为他讲到的那些残酷案例而有所改变，于是，他自己设计了一款胸衣！

这款胸衣仍然有两片布料，通过系绳和排钩前后连系，但做了一项重要改良——加上了肩带。有了肩带的支撑，就可以撤掉沉重的钢骨，改用一种产自墨西哥的植物纤维"coraline"制作胸撑，胸衣一下子变得柔韧了许多。

华纳医生的胸衣不再依靠压迫女性躯干塑形，而是着力于优化女性曲线并给予身体呼吸的空间，因此一经问世便大受欢迎。卢西安和他的兄弟伊拉·华纳双双放弃了医生的职业生涯，专心创办华纳兄弟胸衣工厂，也就是今天美国沃纳科公司的前身[①]。工厂鼎盛时期曾雇用1 200名工人，每天生产6 000件健康胸衣。古典胸衣迎来了史上第一

---

① 沃纳科公司（Warnaco）是美国著名的纺织品成衣公司，主要设计、生产、经销内衣及运动服和泳衣，旗下知名品牌包括卡尔文·克莱恩（Calvin Klein）、速比涛（Speedo）等。2013年被PVH公司收购。（本书注释如无特别说明，均为作者注。）

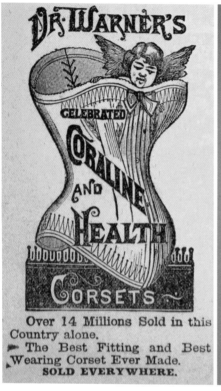

华纳医生的健康胸衣。左图的广告上说，健康胸衣仅在一个国家就售出了 1 400 万件。

次生产高潮。

不过，尽管华纳医生的健康胸衣曾创下单国累计销售 1 400 万件的纪录，20 世纪初，特别是"一战"结束后，由棉布制作，有植物纤维横撑和排钩系绳的胸衣还是走向了没落：女性主动或被迫走出家门、承担更多的社会责任后，长款胸衣就必须分离成上下两截才行。上半截，就是文胸——作为最重要的现代女性内衣品类登场了。尤其是 20世纪 30 年代，有了乳胶弹力线后，传统的布质胸衣因为僵硬、厚重和不方便等，终被抛入了"古董"行列。

然而，有趣的是，系绳这一元素被保留了下来，在现代内衣上反复使用。

传统胸衣的款式也没有彻底消失，在后续的 100 多年间，还会迎来多次回潮。

| 系绳与捆绑，是虐待还是游戏？

历史上似乎一直存在"男人对女人的胸衣比女人自己还感兴趣"的说法，男人经过胸衣店时好奇地往里张望，或者躺在床上欣赏墙上胸衣女郎照片的情景，曾多次被拍摄下来，留下了不少黑白影像；而女人，则好像更多地被塑造成胸衣的受害者。有内衣研究者分析说，这跟胸衣的系绳有很大关系。

胸衣的系绳暗含"捆绑"的寓意，从表面看，有女性受虐于男性的暗示，带有性压抑的意味，确实常常传递出勒束和强制的不良感受。不过，很有可能只是男性这么看；实际上，在胸衣系绳解开和系上的过程中，究竟是谁在操纵谁似乎并不那么简单，男人和女人的关系，

1947 年迪奥的"新形象"广告，重新强调女性的曲线美（作者仿绘）。

内衣课

可能也远比"怎么打开她们"复杂得多。最初，男人的心思更多只停留在"怎么打开胸衣"的层面上，常常忽略了女人反而可能会依靠系绳获得更深刻的东西，比如周旋的时间、缓冲的余地，甚至游戏的情趣。如果细看19世纪的那些漫画，不难发现，画中的男人往往因为解不开系绳狼狈不堪，而被他们"操纵"的女人，即使占据画面的大多只有背影，但露出的一点点侧脸上，抿紧的嘴角也会显示出揶揄和嘲弄的傲慢神气。说真的，那时许多女性只有在胸衣被打开和系上的过程中，才能享受到一些属于非良家女子的、平时没有机会享受的调情和戏谑快感。往近处说，2015年的电影《五十度灰》能够走红，大概也出于同一个道理。明明是一出女人被虐的大戏，为什么却受到了如此多女性的追捧？真正的受虐者是谁？强势的一方是谁？男人需求的快感，终归是要经女人签字同意才能实现的吧？

这可能正是古典胸衣至今仍令人着迷的原因之一。

20世纪50年代，两次世界大战结束后，沉寂了一段时间的古典胸衣迎来了第一次回潮。

这与迪奥在20世纪40年代末提倡的女性"新形象"（New Look）有很大关系。所谓"新形象"，就是能凸显女性曲线的X形或沙漏形服装设计。现代女性内衣对此做出的回应，是法国设计师马萨尔·罗莎（Marcel Rochas）发明的女性束腰紧身胸衣（guêpière）。当时法国T台上最耀眼的名模贝缇娜身高1.62米、体重49.9公斤、三围86—53—83厘米，卡普西尼身高1.69米、体重57.6公斤、三围91—56—94厘米，都是凹凸有致的玲珑妙人。那时候几乎每个法国女人都会随身携带软尺，随时与名模们的"数据"做比对。伊丽莎白·泰勒最重要的电影代表作都集中在这一时期；索菲亚·罗兰进入了好莱坞的视野；美国有玛丽莲·梦露，她站在地铁风口裙摆被吹起的造型出自1955年的电影《七年之痒》；英国有黛安娜·多丝；法国有碧姬·芭铎，1957年因出演《巴黎妇人》而获得了"性感小猫"的绰号。如果明星的审美可算作流行风向标，那么很显然，1955年前后，沙漏形女性身体曲线重归时尚，不过此次回潮的古典胸衣与19世纪末的款式有了很多不同。

胸衣的设计装饰性更强了，而这些装饰元素带有更明显的女性偏好，比如流苏、皱褶、大波浪、透明花边、透明纱等，黑白蕾丝的普遍使用也相当迎合女性心理。女模特在为胸衣拍照时，手中有时会拿着花枝，有时则会拿起烟斗，有时还会戴上黑手套或白手套，在女性化的浪漫氛围中表现出某种带有游戏趣味的中性倾向。总之，这一次古典胸衣的回潮，既浪漫又带有戏谑的意味，借性诱惑表达出了女性希望像男性一样主宰人生的诉求和自信。

古典胸衣的下一次回潮，是在近40年后的20世纪90年代。但凡对胸衣历史有点了解的人，可能都很难忘记歌星麦当娜世纪末的那场"金发野心"世界巡演。除了她的舞台表现，这场巡演给世人留下深刻印象的，还有她身上几款特别的演出服——法国设计师让-保罗·高缇耶设计的胸衣。

高缇耶一定是女性胸衣史上里程碑式的人物，为麦当娜设计的演出服取得巨大成功后，他似乎对古典胸衣上了瘾，将这一概念玩得不亦乐乎。2014年，在纽约布鲁克林博物馆为他举办的作品回顾展上，胸衣占据了整整一间展厅。高缇耶把它们设计成了名副其实的"胸器"，罩杯呈尖锐无比的锥形，毫不掩饰地吸引人们把目光投向女性性

2014 年，纽约布鲁克林博物馆高缇耶作品回顾展上的胸衣。

器官；胯部设计也极为夸张，作为生育工具的骨盆部位被不成比例地放大。当然，在该"抑制"的部位，他也表现出了果断的把控力，比如利落的腰线、干净的边缘。胸衣材料的使用随心所欲、天马行空，有时甚至到了让人目瞪口呆的程度，比如他多次使用稻草这种与女性肌肤完全不搭界的东西，以及极其坚硬的牛皮和金属等。身为女性，有几款胸衣确实引起了我生理和心理上的不适，不过大多数作品还是以令人叹为观止的想象力和美感俘获了我的心。

高缇耶在女性胸衣上表现出的趣味，不同的人会有不同的解读，来自女性的抗议声也不少，真是让人又爱又恨。不过，说古典胸衣在

法国设计师高缇耶为麦当娜"金发野心"演唱会设计的胸衣（作者绘）。

高缇耶这里完全失去了从前"受虐"的象征意义，应该不会有人反对。他让胸衣彻底走出了私密语境，变成了游走在日常与时尚，卧室与舞台之间的"尤物"。虽然他的设计大多仍保留了系绳这一必需的元素，但这些绳子可能既用不着解也用不着系，束缚、压抑、捆绑等含义统统被弱化，系绳本身不过是怀旧的装饰元素而已。从某个角度看，他似乎还替女性表达了她们全新的世界观：胸衣该怎么玩，说到底是女人觉得怎么好玩就怎么玩。而这，正契合了现代女性内衣"取悦自己"的诉求。

到了 21 世纪初，古典胸衣呈现的面貌更为丰富：材质多样——从蕾丝到皮草，从锦纶到法兰绒，从针织到钩织；风格多样——街头、庆典、社交聚会，任何场合都可能成为胸衣的战场，不但毫不违和，反而有种锋利的前卫姿态。女演员凯特·贝金赛尔在电影《黑夜传说：觉醒》里的形象，大概是这一时期胸衣表现力的最好说明。凯特从前多以柔美形象示人，在这部电影里，她赤裸着身体从封闭的玻璃箱里撞出，紧接着穿上皮质胸衣的一瞬间，给观者的感官刺激相当强烈。原本娇弱的女性身体一旦被坚硬的胸衣紧紧裹住，肉身所有的缺陷便立刻消失，顿时拥有了超越性别，甚至超越物种的力量。很难想象，还有哪一种衣服更适合此时这位"觉醒"的女性。

古典胸衣的魅力，很大程度上正在于它对身体表现出的控制性。

收敛与控制，浪漫文艺气质的根源

虽然经常被翻译成"束胸衣"，但古典胸衣对女性的胸部其实并没有"束"，反而是"放"。实际上，没有哪一种内衣能比它更夸张、更戏剧化地突出女性的身体特征：把胸峰推到最高、腰围缩到最小，连脊背都被塑造得陡峭迷人。即使是缺乏曲线的女人，似乎穿上它也会立刻充满女人味儿。英国女演员凯拉·奈特莉自出道以来，常常因为平胸被某些八卦小报取笑，可她还是多次被评选为全球最性感的女人之一。这也许与她在电影中的形象大有关系，从《傲慢与偏见》中的伊丽莎白到安娜·卡列尼娜，从加勒比女海盗到女公爵，这些大受欢迎的角色几乎都被她穿着胸衣演绎。在现今活跃的女演员中，她是公认穿古典胸衣最好看的几位之一。

从她的身上，我们可以看到，古典胸衣不仅是突显女性特质的符号，也是文艺气质的代名词。现代文艺作品里，无论创作者的性别为何，一旦有对女性身体或性方面的暗示强调，胸衣就总是最常被拿来使用的元素之一。过去二三十年中，西方当红文艺女星如果没有穿古典胸衣出过镜，就几乎不能算是文艺女星，正面的例子包括凯特·布兰切特之《伊丽莎白》，凯瑟琳·泽塔-琼斯之《佐罗传奇》，凯特·温丝莱特之《泰坦尼克号》，艾米·罗森之《歌剧魅影》，安妮·海瑟薇之《蝙蝠侠：黑暗骑士崛起》，甚至达科塔·约翰逊之《五十度灰》。如果没在电影里穿上古典胸衣，颁奖礼也是女星们一展身手的好地方，比如查理兹·塞隆、瑞茜·威瑟斯彭，当然还有年青一代的文艺片女王斯嘉丽·约翰逊。

古典胸衣的文艺气质从何而来？我们常常认为这正来自它含蓄收敛的意味。含蓄收敛并不一定只是遮掩，有时反而更强调了那些没有被遮掩的东西。

穿上古典胸衣，人们通常会最先注意到它所强调的身体曲线，不过，胸衣外裸露的部位也绝不会让人忽视，在我看来，那是女性更具诱惑力的部位，比如料峭的肩胛骨、锋利的锁骨、鲜明的蝴蝶骨，甚至是挺拔的"美人筋"。这些部位都不柔软，都很坚硬，也常常被认为是比脸蛋更重要的美人标志，因为它们是女性身体健康、整洁自律、拥有持久自我约束力的最佳证明，而这些恰恰都是文艺女性的重要特质。文艺片中的女主角常常会穿上古典胸衣，这一点都不奇怪。童星出身的达科塔·范宁 16 岁时在《逃亡乐队》中饰演了一位摇滚歌星，最好的服装当然就是一件古典胸衣，既叛逆又清新，直接向世人宣布了她的独立和成熟。

| 最近的一次回潮，也是全新的开始

有胸衣研究者总结说，古典胸衣每隔一段时间就会出现一次流行热潮。它的第一次流行是在 1895 年，正是华纳医生的健康胸衣大行其道的时期；第二次是在 1955 年，是玛丽莲·梦露、索菲亚·罗兰和碧姬·芭铎风头正盛的时候；最近一次则是在离我们不算远的 2015 年。据美国某家古典胸衣知名零售商报告，那年第二季度他们的销售额上涨了 50%，易贝网也称，古典胸衣的销量从 2014 年 12 月起便大涨了 54%。2015 年 2 月 13 日，电影《五十度灰》在美国上映，同一天《灰姑娘》在第 65 届柏林国际电影节首映。胸衣店主分析说，他们的销售额肯定是受到了片中辛德瑞拉那条古典胸衣式曳地舞裙的刺激。除了电影中的虚构人物，真人秀明星卡戴珊姐妹和脱衣舞娘蒂塔·万提斯也是古典胸衣的拥趸，树立了"胸衣让女人的身体更漂亮"的观念。一些老牌内衣公司，如拉珀拉（La Perla）、大内密探（Agent Provocateur）、尚塔尔·托马斯（Chantal Thomass）、蒙帕纳斯的琪琪

古典胸衣的现代演绎（作者绘）。

26

（Kiki de Montparnasse）^①等，以及新兴内衣品牌，如爱柠檬（For Love and Lemons），都相继推出了相当经典的古典胸衣款式。

不过到这时，古典胸衣已经很难再保持纯粹古典的样貌了，年青一代的弄潮儿开始对它做出大胆创新，其中最具代表性的人物当属蕾哈娜。

2017年，蕾哈娜在她的春夏时装秀上，以因为奢靡而被送上断头台的18世纪法国王后玛丽为灵感，创造了一场视觉盛宴，主题为"这些是玛丽王后在平行世界里有可能穿着的衣服"。繁华的秀场上，古典胸衣是无处不在的绝对主角，可似乎又很少能见到它呈现出完整的形态：捆绑、系绳、隔骨等元素被拆解后，弥散在各种各样的服饰上，跨越了历史、文化、性别、风格和时尚的边界，为胸衣在现代内衣时代所扮演的角色提供了新鲜的线索。

蕾哈娜们喜欢的胸衣，样式和含意都与传统胸衣大不相同。有些虽模仿古典风格，也有一定的塑形作用，却也仅仅是模仿而已，传统胸衣最看重的功能已完全不是它们追求的目标。一些资深或新近的成衣设计师，比如斯特拉·麦卡特尼、丽贝卡·泰勒、迪恩·李、奥利维尔·泰斯金斯等，都争相贡献出了更新的胸衣概念，即让胸衣成为女性生活方式的一部分。

这种概念之下的胸衣，即便使用了系绳和龙骨等元素，也绝不会对身体造成任何伤害。面料混搭是很自然的事，华丽的丝绸、颇具凹

---

① 蒙帕纳斯的琪琪：纽约内衣品牌。历史上"蒙帕纳斯的琪琪"（原名爱丽丝·普林）是20世纪初法国红极一时的模特、名伶、演员及画家。这个同名内衣品牌于2005年创立，以琪琪为灵感缪斯。

凸感的蕾丝、皮革、麻绳等，想怎么混搭就怎么混搭。胸衣长度可以随意变化，更短或更长的设计都能为大众所接受。此外还出现了腰封式紧身胸衣，常常借鉴外穿类服装的设计，搭配超大衬衫、T恤、连衫裤等成为街衣的时髦款式。英国设计师斯特拉·麦卡特尼甚至将胸衣与西装直接拼接在一起，使其既富装饰感也具有实际功能。而剪挖、搅扭等反传统的内衣设计细节也屡见不鲜，代表着新一代女性打破固有思维模式的果敢和勇气。胸衣正带领着女性内衣进入一个跨界、混搭、不设限、充满游戏感、更富现代精神的时代。

我上一次在纽约过圣诞节，正是 2015 年。以往每年临近圣诞时，我都会找一天从家里出发，一路穿过布鲁克林，穿过威廉斯堡大桥，穿过诺丽塔区和苏荷区，走到纽约大学跟先生会合，最后找一家小馆子吃一顿热乎乎的晚饭，2015 年也不例外。

那时候我还不知道我将会缺席好几年纽约的节日季，而很多内衣店也将在 2020 年后倒闭或封店。不过鬼使神差的，那天我走进了路过的每一家有名或无名的内衣专卖店，跟每位店主都聊了会儿天。那年蒙帕纳斯的琪琪还开在苏荷的绿街上，橱窗里挂着我总也看不够的漂亮胸衣，可推开高大沉重的门扉，却发现里面正在进行热火朝天的减价大促销——后来才知道那是他们撤离苏荷区之前的最后一搏。见我询问，店主说，如今胸衣是女人送给自己、送给其他女人，以及男人送给女人的最好礼物，往年这个时候的进货会比平时多一些。

想来因为节日季亦是约会季，象征古典男女关系的胸衣自然就成了情愫最真挚的表达。古典胸衣的趣味性设计，使其成为调节恋爱气氛的最佳道具，即使约会失败也能迅速化解尴尬。具有历史感的古典胸衣，也特别适合作为节日的话题。

"你这件胸衣为什么带有一条蓬松的尾翼啊？"

"哦，那是模仿 19 世纪的舞女服设计的。"

一年中，大概只有这个时候，男人和女人才特别有倾诉和聆听的耐心吧。

第一讲　文胸

离心最近，
从为悦己者容
到为悦己而容

2008 年，奥地利因斯布鲁克大学的一组考古学家在位于蒂罗尔的伦博格古堡地窖里，发现了 2 700 片 15 世纪后半期的织物碎片，其中有四件胸衣的碎片，两件已非常接近现代款式的文胸：亚麻质地，有两个软垫和背带，罩杯用两片布缝在一起，向外凸出。

这一发现让女性内衣研究学者确认，人类并非像早先认为的那样，直到 19 世纪末才懂得用几何原理实践制作这种突出女性特征的衣物。

不过这几件出土文物还不足以被认定为文胸的起源。

从现存的希腊文和拉丁文史料来看，古希腊时期的女性就曾用羊毛或麻质的布条包裹乳房，称之为胸绑带；使用胸绑带的目的并非是压迫乳房、削弱女性气质，而是要突出它、强调它。因为这一点，有学者认为这种绑带是现代文胸概念的源头。

| 文胸的起源，长胸衣的分离

关于胸绑带，还有个美丽的传说。特洛伊战争时期，天后赫拉希望凭借美色拯救希腊人，为此请教爱神阿佛洛狄忒，有什么办法能让所有的凡人和神都为她着迷。阿佛洛狄忒回答说："你只要躺在宙斯的怀里就够了。"她把一条绣满了花纹的束胸带放在赫拉手中，嘱咐道："拿着这条束胸带，把它系在你的胸间。它的花纹中蕴含了全部的魔力，我保证你一定能满意而归。"按照阿佛洛狄忒的说法，那条束胸带凝聚了欲望、温柔和爱意，足以令任何一颗心为之痴迷，也能让最狂放不羁的人为之倾倒。现代文胸的美学意义在古希腊时期就已经被如此诗意地揭示了出来。

不过，这种对待女性身体的诗意传统并没能延续下去，欧洲文明进入中世纪以后，长期战争造成了社会停滞和思想压抑，女性的胸绑带也被坚硬如铠甲般的胸衣取代。乳房不再以自然的凹凸为美，充满自由精神的纯真年代就此结束。束胸衣经历了500多年的发展变化，材质从粗铁条到棉布，从硬到软，从鲸骨象骨到金属龙骨再到包裹橡胶或赛璐珞的金属弹簧，直至19世纪末，时装设计师才尝试做出了一些本质上的改变，而其中最重要的，是将长胸衣分离成上下两部分：下部变为束腹衣，裹束小腹使其平坦；上部则变为一种从肩部到胸下的带支撑衣物，也就是后来被盎格鲁 - 撒克逊女性称为"brassière"的东西。

"brassière"即如今常用的"bra"一词的全称，早年大多被翻译成"胸罩"，后来则更多使用"文胸"的称呼。

长胸衣分离成上下两部分，1960 年迪奥束腹衣手绘图（作者仿绘）。

内衣课

| 现代文胸出现，两只乳房分离

现代文胸是谁发明的？对于这个问题，似乎还没有非常明确的答案。

记载比较明确的，有如下几个事件：

1859 年 5 月 17 日，纽约布鲁克林一位名叫亨利·莱瑟（Henry Lesher）的先生，为他发明的"对称圆球形遮胸衣"申请了专利，在美国专利商标局的官网上编号 24033。这被认为是现代文胸的雏形。

法国女子埃尔米尼·卡多勒（Herminie Cadolle）于 1889 年发明了一款两件套内衣，取名"舒适"（Bien-être），下半截是束腰，上半截是靠肩带支撑的乳托。乳托曾在 1900 年的世界博览会上展出，1905 年开始作为胸罩单独出售。

现代文胸的第一个专利是由居住在德累斯顿的德国女子克里斯蒂娜·哈特（Christina Hardt）于 1899 年登记注册的。我很好奇这款注册文胸的模样，曾去纽约公共图书馆查找，未果。跟前面几项发明一样，它没有留下影像记录。

较早明确提出"brassière"这一概念的，据说是法国服装大师保罗·波烈 [①]。1907 年，他在制作一条高胸长裙时，把裙头往上拉，套在一条用螺纹缎带和少量龙骨制作的胸带上，使穿着者无须再像以前那样在衬裙外穿一件胸衣。这条带龙骨的胸带被认为是第一件成形的现代文胸，可惜也没留下图片资料，只能任凭世人猜测这位"以自由的名义宣布束腰式微、文胸兴起"的大设计师究竟为女性做了什么。

---

① 保罗·波烈（Paul Poiret，1879—1944）：20 世纪初法国著名时装设计师。

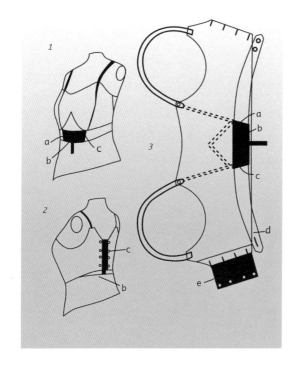

同一年，"brassière"一词第一次出现在了法国《Vogue》(《时尚》）杂志上。

4年后的1911年，这个单词被收入了《牛津英语词典》。

1912年，另一位德国人西格蒙德·林戴尔（Sigmund Lindauer）发明了可以批量生产的文胸"Hautana brassière"，并于同年注册了专利。

根据各种史料，早期从长胸衣中分离出来的胸罩，仍然像长胸衣一样是由龙骨支撑的，因此对女性身体仍有比较明显的勒束，而且大多形似方壳，比较笨拙，把形态自然的乳房挤压得一团模糊。

有比较翔实的史料记载，并得到了专利权的第一件现代文胸，是美国"迷惘的一代"在巴黎的文学教母玛丽·菲尔普斯·雅各布（Mary Phelps Jacobs）发明的。

1910 年，经常出入各种社交场合的 19 岁名媛玛丽准备参加一场舞会。按惯例，她会穿上一件坚挺的带鲸骨紧身胸衣。

她打算穿的晚礼服是一条轻薄长裙，领口呈深 V 形，能露出她幽深的乳沟。可是，穿在长裙下面的紧身胸衣却让她感觉不适，像个方盒，不但从 V 领中露了出来，还把她两只丰满的乳房压扁了。于是她叫来仆人："拿两条手帕和一些粉色的织带来，再把大头针和线也拿过来。"在仆人的帮助下，她用这两条手帕和织带制作了一件简易的裹胸内衣。

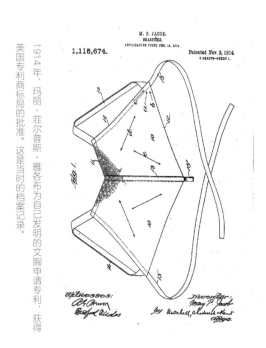

1914 年，玛丽·菲尔普斯·雅各布为自己发明的文胸申请专利，获得美国专利商标局的批准。这是当时的档案记录。

没想到，那天晚上她备受舞会上其他女子艳羡，她们都想知道，为什么玛丽的身体可以灵活自如地旋转，好像丝毫没有受到胸衣的拘束。第二天，玛丽把自己制作的内衣展示给她们看时，她们都表示也想要一件。不久一个陌生人来找玛丽，请求用一美元购买她的发明。玛丽立刻意识到，这次偶然的制作有可能会带来一笔不错的生意。

于是，1914年2月12日，她为自己的发明申请了专利。同年11月，这款"无背式文胸"（Backless Brassière）获得了美国专利商标局的批准，成为美国专利商标局为"文胸"设立专项审批后通过的第一件产品。

申请专利后，1922年，玛丽创建了"时尚形式文胸公司"（Fashion Form Brassière Company），并选在波士顿的华盛顿街开办工厂，雇用了两个女人制作她设计的软布文胸。她在自传《激情岁月》里记录，她制作过几百件自己设计的文胸，也曾接到百货公司的订单，但终因丈夫反对，加之自己也缺乏生意头脑，从没取得过商业意义上的成功。后来，她以1 500美元（相当于今天的2.1万美元）将专利卖给了美国康涅狄格州的华纳兄弟胸衣公司，华纳公司也一度销售过这款"可丝比文胸"（玛丽婚后改名克瑞斯·可丝比，因此文胸的名字也有了改变），但因为样式不受欢迎，不久便终止了销售。不过，华纳公司在后来的30年里，凭这款文胸专利获取了1 500万美元的利润。

玛丽在晚年写道："我不敢说文胸（的发明）能像汽船那样留名青史 [1]，不过，我的确发明了它。"她设计的胸衣轻便、柔软、穿着舒

---

[1] 玛丽的父亲是美国珠宝艺术大师、机械工程师罗伯特·富尔顿，他发明了汽船，后者是第一次工业革命时期的重要发明之一。——编者注

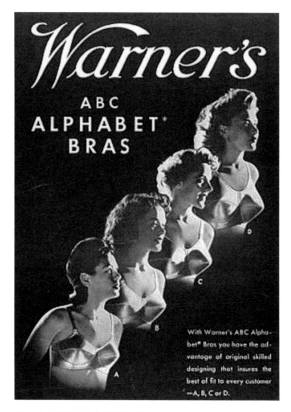

1944 年华纳公司的字母文胸广告。

适，跟当时流行的用鲸骨、木板条或皮革制成的束腰大相径庭。她评价自己的发明"适合不同的胸脯尺寸"，特别适合在进行剧烈运动，如打网球时穿着。实际上，这项发明的意义远不止于此，它为女性内衣做出的最大贡献，是将女性的两只乳房分别装进了分离的罩杯里。文胸只有在分离两只乳房、让它们各自独立时，才能给予其充分发育的空间。自此，现代内衣有了全新的理念——挺起胸来，而不是压抑胸部。这样的革新在服装史上，与香奈儿的裤装具有同等重要的意义。

文胸开始有不同的罩杯形状，Kestos 1937 年广告（作者仿绘）。

内衣课

不过这个新理念背后也的确存在明显的技术缺陷，这大概也是这款文胸没能取得真正成功的原因：它短且软，只适合那些拥有小而坚挺乳房的女性，对于丰满的、尤其是不那么标准的胸型，不能给予任何实质性的支撑和塑形。战争期间经济萧条、物质匮乏，女性服饰也以方便活动的简单工装为主，因此这款文胸的缺陷不算明显；但战后整个社会对女性释放天性的要求予以积极回应，迪奥的"新形象"特别突出女性丰满的胸部、纤细的腰肢，带动时尚回归追求玲珑的女性曲线，玛丽这款不具备塑形功能的文胸就必然会受到冷落。

但无论如何，罩杯分离从此成为再也无法改变的时尚。

| 工业化和商业化，批量生产及罩杯型号标准确立

正当玛丽为自己的文胸申请专利时，德国巴德·坎斯塔特市的西格蒙德·林戴尔正在着力研发一种能让胸罩实现批量生产的版型。随后，德国路德维希·迈尔针织品厂率先将这种版型的文胸批量生产，品牌名为"Prima Donna"（女主角）。女性文胸自此逐渐脱离手工制作形态，进入了工业化时期。

工业化批量生产意味着更多女性可以更容易地买到便宜的文胸，随着第一次世界大战后女性社会角色的转变，欧洲和北美提倡思想解放与身体解放的新女性便逐渐摒弃了以往连裤的长胸衣，开始越来越多地穿着文胸了。

不过工业化并不等同于商业化，而要实现商业化，首先必须实现标准化。1928 年，澳大利亚的一家公司在对 5 000 名女性进行调查研究后，总结出了女性的五种基本胸型，包括圆锥形、梨形、半球形、

狭长形等。根据类似的调查，美国生产商总结出了一套女性体型类别，并根据不同胸型做出了不同罩杯形状的设计，将罩杯标准化，固定为杯形、三角形和锥形。

这里不得不提到美国的老牌内衣公司媚登峰（Maidenform）。1928 年，公司创始人、从俄罗斯移民美国的犹太女子艾达·罗森瑟尔（Ida Rosenthal）推出了一款文胸，它有独立的罩杯，可以支撑和塑造乳房形状，与之前那种把乳房压扁的式样完全不同。艾达的丈夫威廉为这款有罩杯的文胸设计了一套罩杯尺码标准。随后，其他生产商进一步完善了这一体系。1935 年，美国华纳公司发布了第一组以字母表示的胸部尺寸标准，用 A、B、C、D 指代从小到大的罩杯型号。这就是我们今天仍在沿用的文胸尺寸标准，只不过当时大概没人能想到，尺码现在会发展到 F，甚至 G。

商业化的文胸传播更为便利，也被更多人关注并接受，除了欧美，它也在亚非拉国家的女性中流行起来。到"二战"后，文胸已彻底取代了古典胸衣，成为女性内衣里最为重要的品类，销售额达数亿美元，并逐渐发展出完善的工业体系。女性内衣研究专家法里德·舍努恩认为，文胸的进化是时尚、品味、技术、词汇、身体文化、性冲动等因素共同影响的结果。也是在这一时期，20 世纪文胸里的一个辅件，经过改良被发扬光大，为文胸的女性象征意义注入了无穷活力。

这个辅件就是钢圈。

| 钢圈：我的胸大了不止一号！

钢圈初露端倪可追溯到 1893 年，纽约女子玛丽·图塞克（Marie

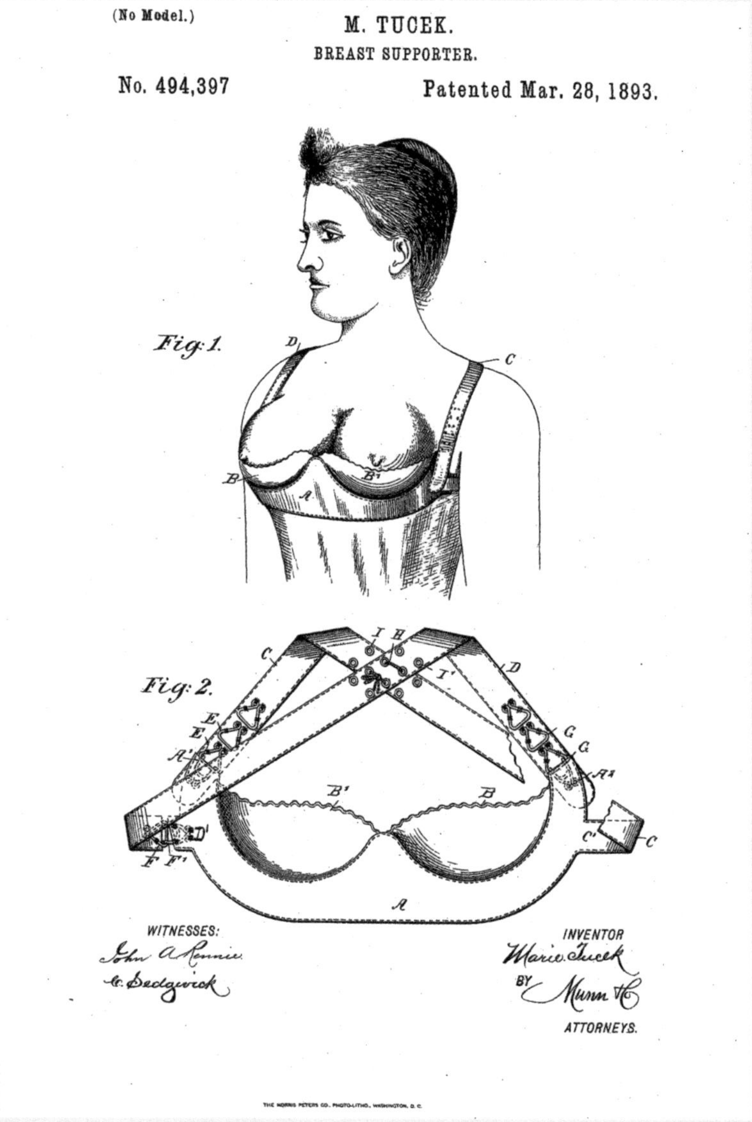

(No Model.)

M. TUCEK.
BREAST SUPPORTER.

No. 494,397

Patented Mar. 28, 1893.

Fig:1.

Fig:2.

WITNESSES:
John A. Rennie.
C. Sedgwick.

INVENTOR
Marie Tucek
BY Munn & Co
ATTORNEYS.

THE NORRIS PETERS CO. PHOTO-LITHO. WASHINGTON, D.C.

玛丽·图塞克的"乳房支撑物"专利记录。

Tucek）为一种"乳房支撑物"申请了一项专利。这种支撑物被描述为"改良式胸衣"，样式跟现在的推高式文胸（push-up bra）十分接近：将金属、硬纸板或其他坚硬材料制作的半圆片放在胸脯下方，从胸脯正中开始，沿胸脯曲线弯曲，终止在腋下；外包的丝绸、帆布或其他布料则继续向上延伸，形成两个口袋分别兜住乳房。这项编号494397的专利可以说已基本具备了现代钢圈文胸的雏形。

钢圈更密集地出现是在文胸标准化的最初阶段，即20世纪30年代。从1931到1940年，美国至少批准了四项与钢圈有关的专利。不过，时值"二战"，金属多被政府征用制作武器，带金属钢圈的文胸没能立刻流行，直到战争结束后的50年代，金属被允许自由使用后才大行其道。根据维基百科的数据，截至2005年，钢圈文胸在欧美女性内衣市场上占比最多。2000年英国每售出10件文胸，6件就是带钢圈的，而这一比例其后每年还有增加。2001年，美国内衣市场共销售了5亿件文胸，其中钢圈文胸占70%（3.5亿）。

钢圈究竟有什么魔力，能如此持久地受到女性的大规模追捧？

答案很简单：因为它是能让女性真正"挺起胸来"的秘密武器。从钢圈被放入文胸布料中的那一刻起，它就立竿见影地拯救了乳房下垂和外扩，强化了文胸对乳房的支撑作用，即便是娇小的胸脯在它的托举下也瞬间丰满了不少。到今天为止，还没有哪一种文胸辅件能取代这件神奇武器的地位。

更神奇的是，这个分量甚微、体积甚小的物件，居然激发出了设计师们无穷的创作灵感，一款又一款的新设计被不断推出。目前，在文胸的类目下，钢圈文胸拥有最多款式。

不过，也必须承认，为了让乳房更加稳定和坚挺，钢圈文胸在初

内衣课

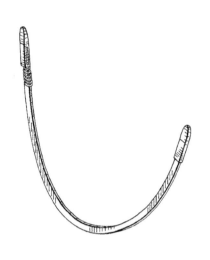

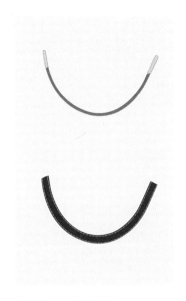

纽约 S&S 工业公司的专利钢圈。　　　　　　　　在两头涂上尼龙浆的钢圈。

期的确使用了比较坚硬的材质，部分女性佩戴后出现了血液循环不畅的现象，为它后来引起诸多争议埋下了伏笔。早期的钢圈文胸结构设计也的确存在安全隐患，曾屡次发生钢圈刺穿肌肤的悲惨故事，女人为了美甚至要冒着生命危险。1997 年，英国知名厨师、电视名流怀特在 50 岁庆生舞会上突感胸部一阵难以忍受的剧痛，她以为自己是突发心脏病了，结果却发现是文胸里的钢圈在折断后刺了出来。为避免钢圈刺破衬布造成伤害的事件再次发生，2002 年，纽约 S&S 工业公司在钢圈的两头包上了一种弹簧塑料垫尖，可以完全杜绝钢圈刺出的事故。2008 年，威尔士的斯科特·达顿（Scott Dutton）发明了"文胸天使"，这是一种带倒钩的塑料帽，可以扣在钢圈两头，塞入钢圈筒里。如果钢圈刺穿布料，塑料帽可以让钢圈归位，不致刺伤人体。后来又有生产商在钢圈两头涂上白色尼龙浆加以保护，这种做法最后得到了比较广泛的应用。

近 20 年来，钢圈本身的材质也在不断变化，在金属成为市场普遍接受的材质后，钢圈经历了铁、镍合金、形状记忆合金等材质的替代过程，一直在朝着"软钢圈"的目标进步。现在，用硅胶或 PU（聚氨酯）材质制作钢圈的技术已发展得越来越成熟，有些钢圈还被埋入模杯，经过热压与罩杯本身黏合为一体，既能发挥支撑功能，也绝无刺穿之虞。这一系列看似微小的改变，大大提高了女性的生活质量。

钢圈文胸究竟会不会对身体造成伤害呢？这样的争论并没有随着钢圈材质的升级改造而有所缓和，近些年来出现了相当多类似"钢圈文胸是许多乳腺疾病的罪魁祸首"的言论，一些医生也对它一再发声抵制。1990 年，法国的《医学日报》曾发表过一篇题为《消灭钢圈》的文章，认为女性乳房能够支撑自身的重量，无须佩戴带钢圈的文胸。不过，某些反对钢圈文胸的激进言论已被医学界判定为无稽之谈，因为至今仍没有明确证据表明任何一种乳腺疾病与钢圈文胸直接相关。不合适的文胸会给人束缚感，甚至在皮肤上勒出红印，但那是文胸尺寸与佩戴技巧的问题，与钢圈本身无关。

不过，这些"无稽之谈"也传达出了某种积极的意义。多年来，女性内衣很多配件的发明者是男性，很多内衣品牌的创建者是男性，女性内衣的审美倾向更是往往由男性主导，而关于钢圈的讨论则可以看作是对这种现象的反抗。无论钢圈是否有害，它都很容易因为自身的金属触感被视作与女性柔软肌肤不相融的异物。对钢圈的戒备和防范，某种程度上可以说是女性自我意识觉醒的反映。

现在，还没有出现可以完全取代钢圈的新工艺，每天仍有数百万名女性穿着钢圈文胸工作和生活。不过与早年被迫穿上"铁甲胸衣"不同，如今穿还是不穿更多由女人自己说了算，"我的身体我做主"的意识已经越来越深入女性内心了。

| 梦幻奇迹的魔术文胸

与钢圈文胸不同，魔术文胸（WonderBra）^①的风靡占尽天时地利，既在女性之中有良好口碑，也符合男性审美，甚至很多人都忘记了，它其实是钢圈文胸的衍生品。

魔术文胸最早叫"Wonder-bra"，实际上是一个内衣品牌的名字，由纽约设计师伊斯雷尔·派勒特（Israel Pilot）在 1935 年创立，后来他又把自己发明的文胸以此命名。这款文胸有什么神奇之处呢？"二战"之前弹力材料还未被应用于服装制作，文胸的布料普遍选用梭织布，没有伸缩开度，女性在转动身体时常常会感觉灵活度不够。那时由法国设计大师玛德琳·维奥内特（Madeleine Vionnet）发明于 20 年代初的斜裁^②技术还主要用在成衣，特别是裙摆较大的裙装上，伊斯雷尔突发奇想：何不把这一技术用于文胸罩杯的制作？于是他拿来普

① 魔术文胸的名称发生过多次变化。最早在纽约注册时是"Wonder-bra"，经加拿大女性内衣公司引入后变为"WonderBra"，有时也写作"Wonder Bra"或者"Wonderbra"。等到魔术文胸风靡欧洲后再被重新引入美国，英文名中的连字符才彻底消失。

② 斜裁（bias-cut）是将布料的垂直线扭转 45 度的一种裁剪方式。它可以让没有弹力的布料产生一定弹力，同时也会消耗更多的布料。维奥内特在制作斜裁式裙装时，一般都要订购宽度比实际用料多两码的布料。有些布料的宽度不够斜裁裙摆，设计时就需要加入一个三角形接片，称为"godet"。

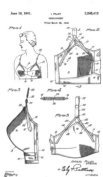
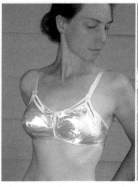

Original 1941 Patent　　　1950 "Wonder-Bra"　　　Diagonal Slash / Label

左：1941 年魔术文胸专利申请档案。
中：1950 年的魔术文胸。
右：罩杯斜裁的魔术文胸细节及商标。

通文胸的版型，只将罩杯部位的布料扭转了 45 度角裁剪，其他什么都没变，就实现了梭织布料最大的弹开度，加上肩带，模特穿起来就感觉舒服了很多。他这款改良的魔术文胸于 1941 年获得专利。

　　加拿大女性胸衣公司于 1959 年从伊斯雷尔手里取得了魔术文胸在加拿大的品牌代理权，其后经过各种授权和转让，将之出口到了西欧、澳大利亚、南非、以色列和印度西部等地，但都没有产生太大的影响。1961 年，女性胸衣公司推出了一款 "梦幻提升 1300 号文胸"（Dream Lift，Model 1300），罩杯仍采用斜裁手法，面料则改为蕾丝，杯底仍用钢圈承托，不过有了一个明显的变化——鸡心位 [1] 降低了，两个罩杯之间的衔接部分只有一根橡筋宽，杯口得以呈现出极致的深 V 形，完全露出了女性的乳沟。这一设计奠定了今日魔术文胸的基础。

---

[1]　鸡心位（center front）：即两个罩杯之间的衔接部位。

48

内
衣
课

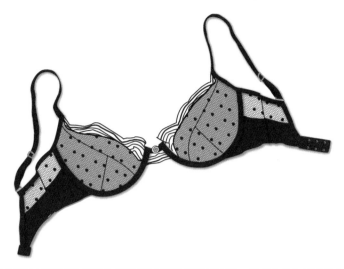

1975 年加拿大品牌"魔术文胸"推出的深 V 形推高聚拢式文胸，成为流行款式（作者绘）。

这款文胸并未立即在加拿大走红，而是直到 1991 年才突然在英国销售额暴涨。进入法国市场后的状况更令人震惊，第二年的总销量即达到 160 万件，是前一年的 200 倍。

魔术文胸为什么会在欧洲突然火爆？有人总结了三个原因：一是英国《Vogue》杂志在 1991 年发表了一篇文章，提倡女性"回归棉垫文胸"，而魔术文胸的罩杯里一直有棉垫衬托，恰好符合这一潮流；二是受英国女设计师维维安·韦斯特伍德影响，古典胸衣在这一时期出现了短暂的时尚回潮，而深 V 形魔术文胸的外观很像短款的古典胸衣；三是法国设计师高缇耶借麦当娜举办世界巡回演唱会之际推动了内衣外穿潮流，让内衣成为流行文化，魔术文胸也因此成为更时尚的服饰。

魔术文胸的热度很快烧到美国，催生了不少同类产品。高思德（Gossard）率先向美国市场推出了"极致文胸"（Ultrabra），其设计与推高式魔术文胸非常近似；维多利亚的秘密于 1993 年推出了"奇迹文

HELLO BOYS.

1994 年魔术文胸广告"你好，小子"（作者仿绘）。

胸"（Miracle Bra），并通过电视广告大力营销。魔术文胸本身也不甘落后，它的欧洲市场代言人、捷克籍超模伊娃·赫兹高娃出现在了纽约时代广场的广告牌上，用"看着我的眼睛，告诉我你爱我"的广告文案俘获了大众，特别是女性的心。1994 年底，推高式文胸在美国的总销售额上涨了 43%，魔术文胸也很快从单一款式变为一整条产品线。

如果说 20 世纪 80 年代是钢圈文胸的时代，那么毫无疑问，90 年代便是魔术文胸的魔法时代。

它的名字、它制造乳沟效果的惊人潜力，标志着文胸正式进入了"加大乳房时代"、"挺胸向上时代"（up generation）。1994 年，模特伊娃·赫兹高娃拍摄了魔术文胸的广告，海报上的她低头看着自己隆起的胸脯，旁边配有文字"你好，小子"。"小子"既指男性崇拜者，也暗指她两只丰满的乳房。这则广告实在太有诱惑力了，有媒体甚至把当时发生的几起车祸归咎于它，说司机是只顾看广告牌才走了神。这则趣闻后来还被常常夹带讽刺社会热点的情景喜剧《宋飞正传》拿来作为笑料，可见当时魔术文胸的巨大影响力。媒体的介入，自然是对这款文胸最好的宣传。

不过，也有人提出疑问：曾几何时，激进的女权主义者们用焚烧文胸的方式表达她们对身体解放、性解放的诉求，在1968年"美国小姐"选举后的游行活动中甚至有女性把文胸扔进了垃圾桶，怎么转眼间女性又都在争当身材凹凸有致、符合男性审美的封面女郎了？这是女性主义的退步吗？

非也。

原因很简单，她们不再是"猎物"，而是成了"猎手"，并得到了全社会的认同。无论做什么、怎么做，穿什么、怎么穿，露还是不露，都是她们的自主选择。她们大可以今天让胸脯在内衣下若隐若现，做性感尤物，明天则什么内衣都不穿。这应该是20世纪90年代魔术文胸带给女性最大的心理变化。

优雅性感的女性曲线甚至体现在了1994年可乐瓶线条的设计上。在汽车工业史上，也一直有把女性身体与汽车外观相关联的风气，这或许是如今汽车展总会招募丰乳女性做车模的原因之一。1963年，汽车保险杠出现，随即成了一款文胸的昵称；20世纪90年代初，安全气囊开始商用，而女性乳房因为形状和肌理与之相似，又得到了这一汽车配件的昵称。时尚总是会对文明的进步有所反映，魔术文胸就是对内衣文化崛起最直接的反映。80年代末，德国设计师卡尔·拉格斐签下了长相酷似法国"性感小猫"碧姬·芭铎的德国模特克劳迪娅·希弗，在90年代初把她推上"香奈儿女神"的宝座，也宣告了正统时尚文化对"挺胸向上"这一潮流的认可。

有学者归纳出一条有趣的社会学定律：对女性曲线的推崇程度与

经济状况的高低起伏正好相反。经济繁荣时人们似乎更欣赏女性平胸，比如 20 世纪 20 年代，以及六七十年代。20 年代的女子为了追求小胸，更愿意选择能压平胸脯的胸罩而不是推高乳房的文胸。经济危机时期则似乎更推崇女性丰满的曲线，比如 20 世纪 30 年代、50 年代、八九十年代。这种理论背后包含了这样一层逻辑：女性的性力量有提升社会信心的能力。体育时尚也对女性曲线美的塑造起到了关键作用，健美操、健身器运动等掀起一阵热潮，美国女演员简·方达自创的健美操，似乎比她的荧幕作品更具知名度。另外，魔术文胸也不是 90 年代抬高女性乳房的唯一途径，自 80 年代开始，利用吸脂术从腰腹和大腿抽走脂肪，利用隆胸术往乳房里注入硅胶 ——手术成了更快速帮助女性强化身体曲线的方法。

总而言之，随着观念的解放，在女性可以主宰个人命运的时代里，文胸这件最具女性色彩的衣物也承载着更多的使命。

| 运动文胸，丽萨、宝莉和欣达

让我们把时间稍微往前推，20 世纪 70 年代，随着一场史无前例的健身运动在美国兴起，女性内衣界发生了一件意义深远的事——运动文胸出现了。

"为什么没有给女性穿的护身带？"

这场健身运动的参与者很多是女性，佛蒙特大学的丽萨·林达尔（Lisa Lindahl）就是其中一名长跑先驱。1977 年夏天，时年 29 岁、自幼患有癫痫症的丽萨每周要跑近50公里，她有一个很私密的烦恼：跑步时乳房会有不舒服，甚至是痛苦的颤动感。一天，姐姐打电话给她，向她诉说了同样的烦恼，问她有什么解决办法。她给出的建议是：要么穿一件小一号的文胸，要么不穿文胸，或是缩短跑步距离。然后她突然想到男性做接触运动[①]时都会穿保护下体的护身带（jockstrap），便说："为什么没有给女性穿的护身带？"她们哈哈大笑，丽萨说："就是穿在身体不同位置的护身带嘛，我想我会做一件的。"放下电话后，丽萨觉得这并非一个愚蠢的想法。

当时的护身带，由一条有弹力的腰带、一个可以兜住男性生殖器的口袋及两条宽弹力带组成，两条宽弹力带分别固定在口袋的底部，从左右两侧兜住臀部连接到腰带上。兜袋一般无须十分合体，但也有一些设计能做到严丝合缝，在男子做碰撞运动时，可以更好地保护生殖器免于受伤。

为什么不能有一件让她和姐姐感觉舒适的"护体文胸"呢？丽萨于是拿出纸笔开始谋划。

随后她找到自己的发小——当时已是戏服设计师的宝莉·史密斯（Polly Smith），让后者帮忙把她想要的款式做出来。她希望这件文胸的肩带不会滑落，能减少乳房的颤动，且不要使用金属硬件。那个夏天她们努力制作第一件样衣，可进展并不顺利。一天，丽萨的丈夫走进屋里，为了逗她们开心，他拿出自己的护身带，把它反过来套在胸

---

① 接触运动（contact sports）一般泛指运动员之间需要发生身体接触的运动。在美国，接触运动分为几个等级，最激烈的称为碰撞运动（collision sports），包括橄榄球、冰球、长曲棍球、轮滑阻拦等。

脯上。"嘿！女士们，这就是你们的护体文胸！"哈哈大笑中，丽萨从丈夫手里抢过护身带，仿照他的样子从头上套下，把兜袋罩在一只乳房上。这时她意识到了什么，吃惊地看着宝莉："宝莉，快看——这两条带子可以在后背交叉。两个罩杯，套在肋骨上的宽围带……这也许能行。"

第二天，宝莉让助理欣达·米勒（Hinda Miller）买来两条男士护体带，把它们剪开，兜袋对着兜袋重新缝在一起。丽萨穿着这件样衣出去跑步，欣达则背身跑在她前面，观察她乳房的颠动幅度。这件样衣很不错，但还需要做些改进。丽萨最重要的需求之一是不能擦痛皮肤，可她们使用的布料还做不到这一点。宝莉于是买了机票飞去纽约，一周后带回了一款新面料，成分包括腈纶、棉和那时炙手可热的莱卡。她也同时找到了合适的松紧带和线。丽萨很快便穿着新样衣再去跑步，试跑结束后，她知道她们成功了。

她们把这件文胸戏称为"jockbra"（护体文胸），第二年略微改动字母，正式将其命名为"jogbra"（慢跑文胸）。当时她们共做了三件样衣，其中一件古铜色的，现今在佛蒙特大学罗亚尔·泰勒剧院的戏服店附近展示，另外两件则被收藏在了华盛顿史密森学会的国立美国历史博物馆和纽约大都会博物馆。

这件"慢跑文胸"被认为开创了运动文胸的先河。

丽萨、宝莉和欣达随后的创业历程中既有玫瑰也有荆棘，不过总体还算顺利，结局也相当圆满。在几乎被男性垄断的体育用品业里，丽萨和她的伙伴们靠这款专为女性运动而设计的内衣成功拿到了商业贷款，创建了一家由女性所有、运作并销售女性用品的企业，将产品成功卖进了普遍为男性服务的体育用品商店。其后，丽萨一直担任公司董事会执行主席，直到1990年倍儿乐公司将这项发明买走。

她们的成功远不止于推出了一款产品。被收藏在国立美国历史博物馆里的这款慢跑文胸，曾得到了这样的评价："它不仅改善了女子运动员的表现，也是成衣界的一次革命，对过去、现在和未来的很多女性来讲，它实实在在地让运动成为可能。"

在大都会博物馆的艺术服饰收藏里，这件里程碑式的展品被定义为"女性内衣界具有革命意义的作品"——虽然丽萨在最初创业时曾

运动文胸的发明者欣达·米勒（左）和丽萨·林达尔为慢跑文胸拍摄的广告。

坚定地认为她发明的不是内衣，而是体育用品。慢跑文胸使全世界女性运动员的数量明显增加，并直接促成了女性可以参与几乎所有运动项目的结果。

2020 年，丽萨、宝莉和欣达入选华盛顿"美国发明家名人堂"，比肩特斯拉、乔布斯和发明了"跳频技术"的海蒂·拉玛。丽萨在自己的博客里写道："我不认为我有资格认领这份功劳，它只是在对的时间里（出现的）对的概念。"可她怎么会没资格呢？看看现如今运动内衣品牌的风起云涌，这个"对的概念"为女性带来的，何止是一个内衣品类那么简单？

从单一到多元和多功能

在丽萨、宝莉和欣达做出第一件慢跑文胸之后的 30 多年间，运动文胸的结构变化不大，始终在追求一个简单的目标——提高支撑强度，减少运动时胸部受到的损伤。为了达到这一目的，设计者们通过不断增加布料层、封边带或使用一些金属配件来束压胸部，不让乳房颤动。因为过分强调功能性，运动文胸在很长的一段时间里样式保守，完全没能突显出运动时女性的身体魅力，有些甚至已让穿戴者的胸部外观与男性无异。这样的运动文胸很难得到女性青睐，很多女性要么根本不穿文胸，要么仍然穿着不能为胸部提供保护的普通文胸进行运动。

变化是从 21 世纪初开始的。随着面辅料和工艺的双重创新，特别是女性参与的运动项目增多，越来越多的品牌意识到女性运动内衣应该具有更丰富的属性，而不是仅仅局限于将乳房压扁。

运动品牌开始邀请专业工程师介入设计，与设计师一起组成创新研发团队，其中最成功的案例来自顶尖运动品牌露露乐蒙（Lululemon）。其他具有大众影响力的传统运动品牌，如锐步、耐克、

几款传统运动文胸样式。

阿迪达斯、安德玛，以及克尼斯（Knix）等小众品牌，也都开始致力于根据人体工学研发运动文胸。他们研究运动时乳房的颠动走向，发现女性在慢跑、跳跃、扭转身体，以及做高强度的运动，比如有氧运动或HIIT（高强度间歇式训练）时，乳房并不只是上下颠动，而是会朝各种方向颠动，还经常会碰撞在一起。因此，运动文胸不仅需要从底部给予乳房支撑，也需要在乳房四周和双乳之间加以支撑。

他们同时还发现，不同的运动项目应搭配不同支撑强度的运动文胸。他们将消费者放入特定场景中，研究马拉松和普拉提造成胸部颠动幅度的差异。很多品牌都将运动文胸按照低中高三种支撑强度和遮盖度

低支撑度 + 低遮盖度
适合运动：瑜伽、徒步、自行车、一般健身等。

低支撑度 + 中遮盖度
适合运动：普拉提、保龄球、高尔夫球、重量训练等。

中支撑度 + 中遮盖度
适合运动：中强度健身、网球、竞走、攀岩、重量训练等。

高支撑度 + 高遮盖度
适合运动：球类、体操、拳击、田径、高冲击有氧舞蹈等。

克尼斯的"催化剂"（Catalyst）运动文胸，在后背**设计了开口**，不仅让文胸更合体，也让穿脱过程更便利。

进行划分。支撑度和遮盖度越高，对应的运动强度和出汗量也越大。

经过如此细分的运动文胸虽然价格比一般运动文胸高出很多，却能对身体起到更好的保护作用，也能更有效地辅助而不是妨碍运动，因此大受女性欢迎。

与此同时，运动文胸的面辅料材质也在不断升级中，品牌方很喜欢使用大学科研室里研发出来的面料，比如锐步使用了美国特拉华大学研制的"纯动"（PureMove）面料，它具有流畅的运动感，人体在做缓慢但伸展性强的运动（比如瑜伽）时，它可以跟随身体走向延伸；而做高强度运动时，又会变得硬挺，像汽车安全带一样对身体加以保护。

理想的运动文胸面料不仅能够保护乳房，还能最大限度地减少对皮肤的摩擦。一些品牌也致力于研发相对柔软，具有吸湿性能、空气流动感的面料。

运动文胸时尚化进一步促使运动成为时尚。

在结构方面，早期的运动文胸大多形似盔甲，而且为了照顾到运动时的躺卧或俯卧，前后普遍都没有开扣，这就让穿脱十分困难，尤其很多女性运动后常常满身大汗，让脱下文胸甚至比运动本身还要费力。设计师们为了解决这一难题，在文胸结构上做了更多尝试，在前胸或后背增加了巧妙的开口设计。

运动文胸时尚化让运动充满生机

说到运动文胸时尚化，就不能不提到运动品牌巨头阿迪达斯。2004 年 9 月，阿迪达斯邀请英国时装设计师斯特拉·麦卡特尼（Stella McCartney），与她首次合作，出品了由她担纲设计的女性运动服系列产品。这次联名合作非常成功，产品一经面世就受到欢迎。斯特拉的设计给阿迪达斯注入了丰富的时尚活力，几乎每一款运动文胸都深得女性消费者之心；穿上这些文胸，再枯燥乏味的运动似乎也会立刻充满生机和趣味。

十几年来，这条联名产品线成长迅速，现已覆盖多个运动项目，如跑步、健身、网球、体操、瑜伽、游泳、高尔夫、冬季运动及铁人三项，在体育大赛场上是尤其耀眼的存在。

如今，运动内衣时尚化已呈不可逆态势，在世界各个角落散发着耀眼的光热。年青一代的跨界设计明星们更是将潮牌、街头元素等引入运动服饰，各种联名款一经推出，便立刻受到年轻人的广泛追捧。蕾哈娜、坎耶·韦斯特（"侃爷"），乃至陈冠希，都对运动服饰的发展做出过独特贡献。

| 平胸的骄傲，无性别束胸衣的风气

大约 10 年前，纽约诺丽塔区曾有一家内衣小店。店主穿着一件领口几乎开到腰际的牙白色 V 领棉衫，大方地敞露着一件黑底小白点的半杯薄垫文胸。

"你看，我自己就是 36AA，"她看着我犹豫的神情鼓励道，"其实要不是得上班，而会议室里又总是冷气过足造成'凸点'，崇尚天然的女性什么都不穿也没关系。"

令我惊讶又欣喜的是，她的店里只有从 AAA 罩杯到 B 罩杯的文胸。

她说，小店的主顾有一些是来找"能让胸部看上去更大"的文胸

的，但大多数人其实都对自己的平胸相当满意，所以店里没有时下百货公司售卖的时髦的厚海绵魔术文胸，也很少有钢圈文胸，只有她自己穿的这种薄棉杯，以及只有两层布料的软杯文胸。

"你当初开这家店是因为在别处买不到喜欢的胸罩吗？"

"正是。市面上那些 AA 罩杯文胸都太可笑了，垫那么厚，完全像人造假胸。我不要那个样子。像我这样的胸型，只要一点遮盖和一点提升就足够了。"

她拿出一件黑色和牙白色拼接的胸衣式软杯胸罩，翻开里面的杯垫给我看："这是一种可以跟人体贴合的拼杯垫。即使是很小巧的乳房，与杯垫之间也不会有空隙。"

那真是一件精美的内衣，正中的牙白色绸面上捏了几道碎褶，两翼黑色缎面上的提花闪着凹凸有致的光。

回到家后，我马上上网做调查，发现像这样只售卖 A 罩杯和 B 罩杯文胸的店铺不但纽约有、加州有，英国也有，而且有颇成气候的趋势。在过去，深 V 领或露背背心等款式的衣物多是丰满女性的专属，小胸女性不敢尝试，生怕会将自己的"身材缺陷"暴露无遗，可如今，像内衣店主这样无畏袒露自己真实身材的人已经越来越多。她们拍下自己穿 V 领衣物的照片，发布在各种社交平台上。

"我是平胸我骄傲！"（Flat Chested and Proud of It!）、"平胸女性联合起来！"（Flat Chested Girls United!），诸如此类的网络社交小组也早就存在了。有一家名为"胸小心大"的网站，打出的择衣口号是："你驾驭得了我（的乳房）吗？"（Can you handle me?），而不再是"我（的乳房）够大吗？"（Am I enough?）脸书上还有一个"平胸女人更美丽小组"，总结出 A 罩杯带给女性的种种好处，比如跑步或跳舞时胸不会痛，可以趴着睡觉等。跟大胸女性相比，A 罩杯女性也几乎不会有胸下垂的苦恼。

从那家内衣店出来，看见前面正好有家维多利亚的秘密，花团锦簇、罩杯如柚子般巨大的文胸扑面而来，让我顿生嫌意，却也突然有了一种复仇的快感。想起刚才店主所说，"大，就会忽略很多细节"，立刻觉得没有比这更正确的话了。

更为特立独行的，是近几年出现的另一种文胸款式——平胸束胸衣。与大多数女性希望突出身材曲线、尽显女性特质不同，有一些女性始终认为自己是无性别或中性的存在。过去她们多半会压抑自己，直到近些年才开始勇敢地表达。虽然无性别，但文胸对她们也是必需——她们也会运动，也需要给乳房以保护，因此需要适合自己的文胸。"做自己很舒服，所以也要有舒服的内衣"，平胸束胸衣就此诞生。

从外观和用料上看，平胸束胸衣与运动内衣和现代束胸衣近似，不同之处仅在于它无意突出女性特征，反而希望将此掩藏，坦率表现出穿戴者的中性气质。平胸束胸衣从正面和侧面看都呈扁平状，不会使用颡道①或其变异形式来设计结构，因此没有起伏的轮廓；颜色也多为黑白灰等中性色调。

总之，在漫长的女性内衣发展史中，女性对于自己的存在方式已经有了越来越明确的主张。她们早已不再按男性的好恶装扮自己，也不再因社会角色的要求而约束自己。尊重自己的存在、尊重自己对自在和舒服的需求，文胸设计正是在朝着这种主张不断迈进。

---

① 颡道（dart）：按照体型曲线的需要，通过捏进、折叠面料边缘，让面料呈现隆起或凹进的特殊立体效果。

| 乳腺癌术后文胸，对特殊女性群体的关爱

乳腺癌是全世界女性中比较常见的一种癌症，2020 年，女性乳腺癌发病人数首次超过肺癌，新确诊的癌症患者每 8 人之中就有 1 人是乳腺癌。在中国，几个相关数据更是惊人地高于全球平均值。世界卫生组织国际癌症研究机构（IARC）发布的数据显示，2020 年，中国新发乳腺癌超过 41 万例，相比上一年的数据，增速是全球平均值的两倍，新确诊的女性癌症患者，每 5 人中有 1 人是乳腺癌。

乳腺癌患者接受保乳手术的比例，在欧美国家约为 50%~60%，而在中国，根据 2020 年中国抗癌协会乳腺癌专业委员会发布的《中国早期乳腺癌外科诊疗现况》，保乳手术的实施比例仅为 22%。更残酷的是，中国乳腺癌患者的发病年龄越来越提前，比欧美国家平均小 10 岁。这意味着，约八成患者在 30~50 岁的盛年切除了单侧或双侧乳房。

随着医学技术的进步，近些年在没有条件接受保乳手术的女性当中，一部分人已经有条件接受术后乳房重建，弥补缺失。根据国内某抗癌机构最新发布的文章统计，欧美国家患者接受乳房再造的比例约为 45%，其中美国已达 54%；然而在中国，绝大部分患者仍然无法或不愿做出这种选择。当然，近些年欧美也有一些勇敢的女性，喊出"going flat"（我选平胸）的口号，拒绝在术后向乳房里植入异物。

无论是做过单侧或双侧切除，还是保乳或重建手术，乳腺癌患者都和普通女性一样，需要一款甚至几款文胸，满足在术后不同时期的多种需求。

第一款被定义为乳腺癌术后文胸的"压力型舒适文胸"（Com-

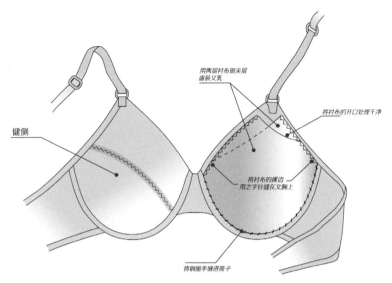

用两层衬布做夹层
盛装义乳

将衬布的开口处理干净

健侧

将衬布的裸边
用之字针缝在文胸上

将钢圈手缝进简子

早期的术后文胸。

pression Comfort Bra）出现在 2001 年，是针对术后常见的淋巴水肿问题而设计的，因此具有一定的医疗功用。而目前市场上更常见的，是一种叫作"Mastectomy Bra"的文胸，可以译作"乳房切除术后文胸"，更适合在伤口基本愈合、拆线以后日常穿着，主要针对患者切除乳房后弥补缺失的需求，因此大多设计有可以置入义乳的"口袋"（pocket）。这类文胸在外观上与普通文胸没有太大差异。

乳腺癌虽然是极为常见的女性癌症，却也是治愈率最高的癌症之一。随着诊疗技术发展和创新药物的临床应用，近年来我国乳腺癌患者的 5 年生存率已提升至 83.2%，这意味着超过八成的患者如果能够顺利度过治疗期，都将有 5 年以上的生存时间。女性患者在术后急需的，表面上是一件内衣，实际上是来自社会的关爱，以及更重要的——被平等对待。术后内衣以这一特殊人群的身心需求为设计出发点，给予战胜死亡的勇士们切实的安慰和鼓励。这是内衣历史上充满人性色彩的进步，是内衣在用自己的方式践行着"离心最近"的责任。

现代文胸经历百年发展，无论是本身结构，还是面料和辅料，都在持久和频繁地更新换代，款式无以计数，有些在历史长河中被渐渐淘汰；有些经久不衰；有些在被淘汰后又经设计师妙手回春，以新面貌出现；有些不断完善、调整改进。自20世纪90年代开始，女性内衣成为公开的社会话题，受到了全社会的关注，一个重要的新观念应运而生——穿合体的内衣。它从被提倡到被普遍接受，只用了很短的时间。

穿合体内衣的观念，不但促进了女性对自己身体的关注，也促成了尺码和工艺的新革命——尺码越分越细，工艺越做越精。不过，这也让选购文胸成了一件令人既快乐又烦恼的事。快乐是因为市场上选择丰富，烦恼则是因为会让人眼花缭乱，而女性身体的复杂性使选择更为艰难。

为帮助女性更好地了解并择到适合自己的文胸，我们需要对现有款式做一次系统的梳理。这样的梳理自然不易，市场上的文胸名称五花八门，同一名称的文胸在不同品牌之下外形可能完全不同，文胸的结构和功能也会有交叉。举例来说，以结构命名的"深V形文胸"既可以是钢圈文胸，也可以是

内衣课

软杯文胸；既可以是拼杯的，也可以是无垫的。此外，设计师即使不对文胸的基本结构做颠覆性改变，也会千方百计地使之具有新意，这些都为梳理文胸款式带来了一定难度。不过，正所谓万变不离其宗，无论文胸的外形有多么千奇百怪，大多数款式结构还是有基本规律可循的。

让我们先从了解文胸的基础知识开始吧。

文胸的基础知识

有关文胸结构的名词很多，如果不是专业从事设计或生产工作，没必要全部掌握，了解下面这些最基本的名词足矣。这些基础知识对于我们了解文胸款式、了解复杂的文胸结构大有助益。

文胸罩杯尺寸计算公式

上胸围—下胸围	＝罩杯尺寸
$10 \pm 1cm$	A
$12.5 \pm 1cm$	B
$15 \pm 1cm$	C
$17.5 \pm 1cm$	D
$20 \pm 1cm$	E
$22.5 \pm 1cm$	F
$25 \pm 1cm$	G

文胸的基本结构

① **罩杯：** 通过拼接或热压工艺而呈现立体感以承托乳房的部分。

② **鸡心：** 又称心位、前中位。

③ **侧比：** 又称侧翼，是后比与罩杯之间的连接部分。

④ **夹弯：** 又称比弯，罩杯靠近手臂的部分，起固定、支撑和包容副乳的作用。

⑤ **后比：** 又称后翼或后拉片。

⑥ **杯口：** 罩杯上方敞开的部位，通常在肩带与鸡心位之间。

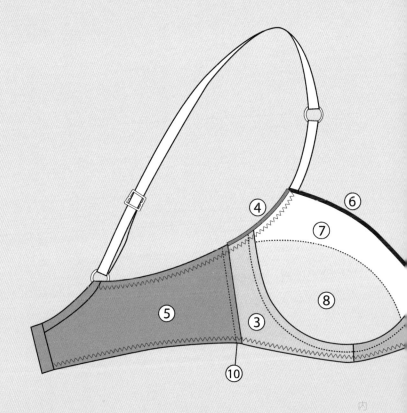

⑦ **上托:** 又称上碗，是罩杯的上半部分，通常是一整片。

⑧ **下托:** 又称下碗，是罩杯的下半部分，有一片、两片或多片。

⑨ **杯骨:** 连接上下碗或左右碗的那条线。

⑩ **胶骨:** 连接后比与侧比的结构。通常是细窄条的塑料制品，有一定韧性，可以撑起侧比，使其不起皱或变形。

⑪ **背扣:** 又称钩扣，可以调节下胸围的尺寸。

⑫ **0 字扣、8 字扣（又称滑扣）、9 字扣:** 位于肩带起点、终点或中间，起调节肩带长短的作用。

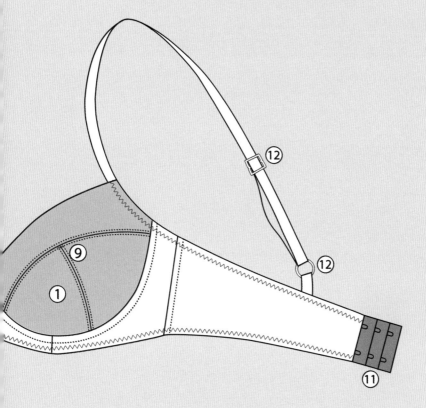

文胸的部件拆解

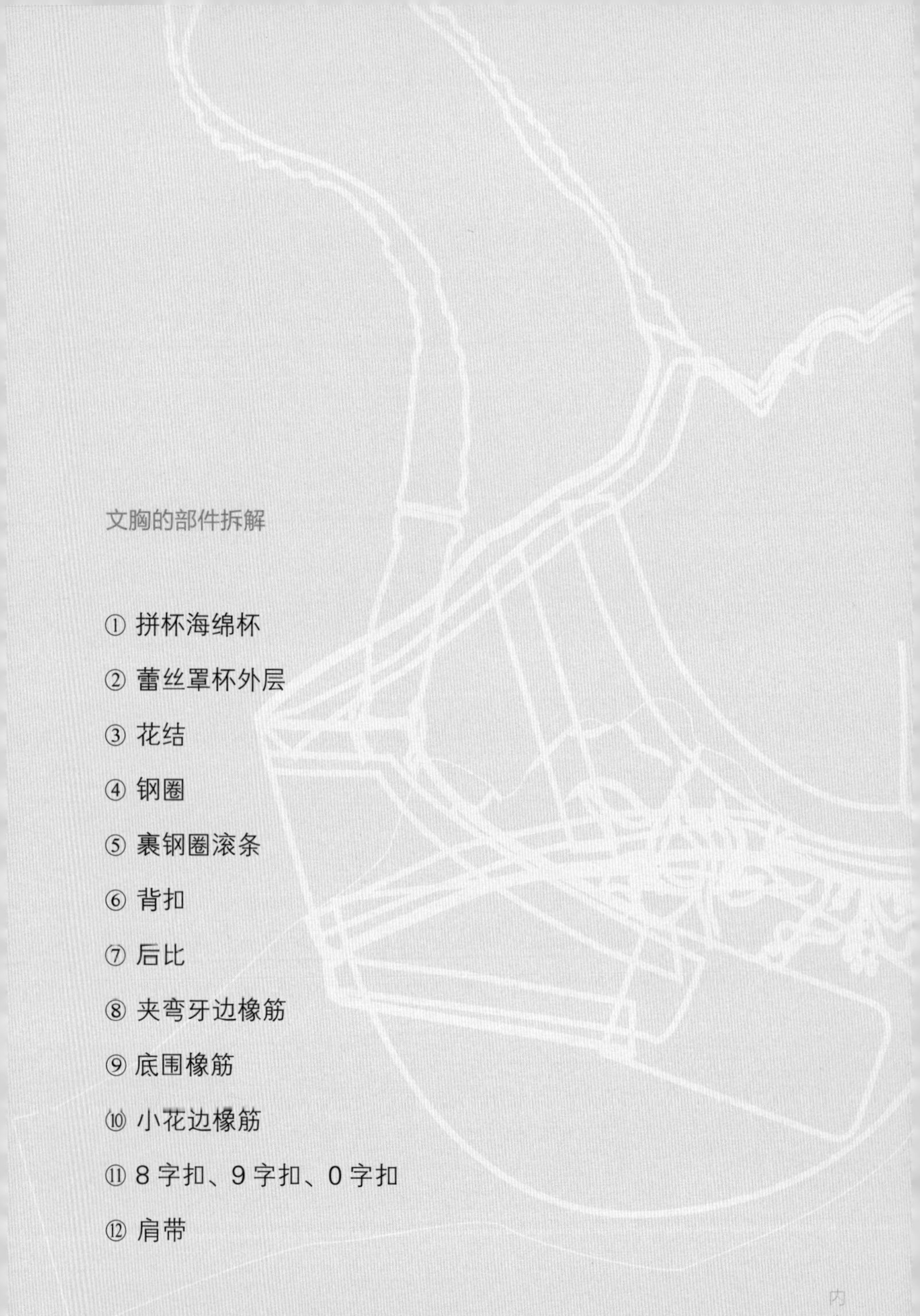

① 拼杯海绵杯

② 蕾丝罩杯外层

③ 花结

④ 钢圈

⑤ 裹钢圈滚条

⑥ 背扣

⑦ 后比

⑧ 夹弯牙边橡筋

⑨ 底围橡筋

⑩ 小花边橡筋

⑪ 8 字扣、9 字扣、0 字扣

⑫ 肩带

内衣课

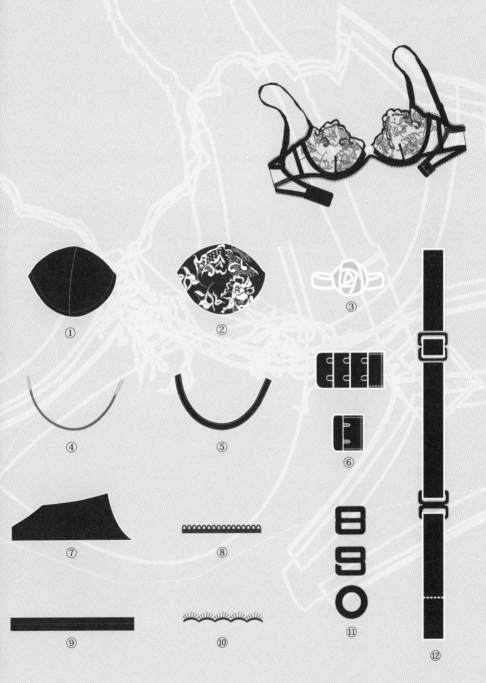

① ② ③ ④ ⑤ ⑥ ⑦ ⑧ ⑨ ⑩ ⑪ ⑫

文胸的常见款式

钢圈文胸 （wire bra，又称 underwire bra）

　　钢圈文胸通过钢圈的长短变化来确定罩杯的结构和形状。罩杯通常由外层布料和与钢圈缝制在一起的内层棉垫组成。外层布料和棉垫可以由两块或多块拼接，称作"拼杯"，拼杯的棉垫上通常有明显的拼缝和杯骨。拼杯完全按照胸部曲线立体裁剪，制造出非常符合胸部线条的圆弧，因此是最为贴合胸部曲线的罩杯形式。通常拼缝越多文胸越合体，对于胸部的支撑力也越大。

　　根据钢圈的不同长短，罩杯通常有以下五种形状：

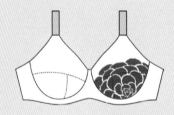

全罩杯，即四分之四罩杯（full cup）

全罩杯的结构特点有：

1）钢圈最长，鸡心和侧比位几乎等高（如左下图中粉线所示），罩杯近球状，可以将乳房全部包容于内，穿戴时稳固性强；

2）通常有横向杯骨，上碗与下碗的外凸度几乎均等；

3）通常有高鸡心位、高侧比位（侧比位钢圈长）、加高夹弯位以及大 U 形后背设计；

4）肩带靠近罩杯的中间，是所有杯型里肩带起始位最高的。

内衣课

这种杯型的文胸最适合大胸，或乳房大而扁平、偏软、外扩、有副乳的胸型。

在此基础上，使用相同长度的钢圈但改变杯口形状，就是"部分全罩杯"，它是全罩杯的变异形式。

比如降低杯口，肩带位置向外、向下挪动（右上图）；又或者鸡心位不变，抹去罩杯上端的三角形尖角，将杯口降低呈圆弧形，或使罩杯更接近方形，肩带向外挪动或完全去掉，变成一款无肩带调整型文胸（右下图）。

四分之三罩杯（balconette）

四分之三罩杯的结构特点有：

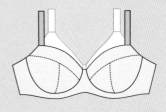

1）鸡心位通常在全罩杯与 V 罩杯之间，比全罩杯低，比 V 罩杯高，领口呈心形，使四分之一的乳房露在杯口外；

2）罩杯通常有上碗和下碗两部分，上碗比下碗小，下碗通常会再分为 2~3 片，拼缝与上碗的杯骨线垂直，同时有横向和竖向杯骨（杯骨越多，拼片越多，越能贴合人体曲线，领口也越服帖）；

3）如果肩带连接到下碗部分，内插棉倒放或是斜放，受力点就会落在肩带上，给予胸脯最大的承托。

四分之三罩杯是现有杯型里聚拢效果最好的一款，能制造出明显的乳沟，适合穿在低领或方领外衣下。

半罩杯（half cup，又称 demi）

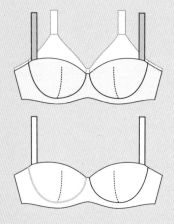

Demi 的意思是"部分"或"一半"，即罩杯可以包容乳头以下的一半乳房（包括乳头），露出另一半。

半罩杯的结构特点有：

1）鸡心位与侧比位的高度几乎一致（如左下图粉线所示），鸡心位比四分之三罩杯低，领口呈方形，制造乳沟效果；

2）通常有竖向颡道或杯骨。

从制版角度讲，竖向杯骨更容易制造出更低也更开阔的领口形状，让下碗更浅，以此把乳房推高。

半罩杯文胸的侧比虽然有一定的高度，却没有夹弯位，因此不适合胸外扩、有副乳或赘肉的女性穿着，更适合胸部娇小、两只乳房离得较开的女性。

四分之一罩杯（1/4 cup）

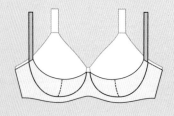

四分之一罩杯的结构的特点有：

罩杯在乳头之下。有时会被误认为半罩杯，实际杯口比半罩杯更低。

这种杯型的文胸特别适合乳房底盘过小，乳峰却比较饱满的胸型。

魔术文胸（WonderBra）与
深 V 罩杯（plunge bra）

魔术文胸和深 V 罩杯的结构特点有：

1）是所有罩杯里钢圈最短的，两个罩杯之间有明显的 V 形杯口（如右下图粉线所示），通常呈 45 度向左右两侧斜上方延伸，是制造乳沟效果最好的杯型；

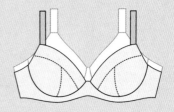

2）鸡心位很低，尤其是聚拢型文胸，鸡心位可能只有一根底围橡筋的宽度；

3）如果是背心式或三角软杯，通常没有鸡心位；

4）每个罩杯上有两条或一条杯骨。有两条杯骨时，通常是一条斜向杯骨与一条竖向杯骨。有一条杯骨时则通常是竖向的。

- -

关于钢圈文胸的款式，总的来说，罩杯形状的不同，其实造成了杯口形状的不同。我们只要看看下面这张对比图就一目了然了。

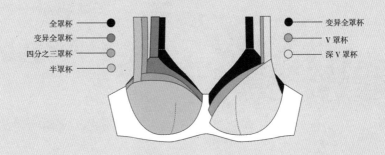

全罩杯 ——— ●
变异全罩杯 ——— ●
四分之三罩杯 ——— ○
半罩杯 ——— ●

● ——— 变异全罩杯
● ——— V 罩杯
○ ——— 深 V 罩杯

作者设计的 "EMILY YU" 软杯文胸。

软杯文胸（soft cup bra）

　　所谓软杯文胸，最初是指无钢圈、无海绵垫、无模杯、无衬布、罩杯通常只有薄薄两层布料的文胸，因平放时罩杯软塌的形态而得名。

　　软杯文胸经常使用高级真丝面料，以及漂亮的蕾丝、精致的刺绣等做杯面，轻软透气，对胸部没有勒束和压迫感，穿上以后，罩杯可以贴合胸部曲线自然成形，让穿着者放松自在，带来与传统钢圈文胸、拼杯文胸及普通无痕文胸完全不同的穿着体验。

　　不过，只有薄薄两层布料的罩杯也会引发一些实际问题，比如凸点、对胸部的承托和控制力度不够，甚至不能安全地包裹住乳房，因此软杯文胸更适合罩杯 75C/80B 以下、胸型小而坚挺的女性。

　　针对凸点问题，前些年乳贴一度流行，很多软杯文胸售出时都会附赠一对小巧的圆形活动插片，需要时可放入罩杯的夹层。有些软杯文胸也增加了小巧的棉垫设计，尺寸刚刚够遮住乳头，既不会带来勒束感也让穿着者免去了凸点的忧虑。

　　近些年，随着女性自我意识的提升，软杯文胸越来越受欢迎。为了满足胸部丰满女性的积极诉求，带钢圈的软杯款式应运而生。钢圈文胸的所有杯型都可以以软杯的形式出现，虽然与传统概念中的软杯文胸有所不同，但这种改良款式满足了更多女性的需要，也极大丰富了内衣市场。

三角软杯文胸

外观和比基尼上衣很像，是市面上最为流行的软杯文胸款式。

三角软杯的罩杯包覆面积小，面料比较轻薄，多采用细肩带和窄底围设计，因此穿起来轻盈舒适，毫无勒束感。

但对于那些渴望胸型浑圆、乳沟深邃的女性来说，三角软杯显然无法满足需求。丰满的胸型会带来"包不住"的问题，因此三角软杯更适合 A 到 B 罩杯、胸型较为坚挺的女性。

另外需要指出的是，三角软杯文胸常被很多人（尤其是内衣商家）称为"法式内衣"，在两者之间简单地画上等号其实是错误的。三角杯型在法式内衣里的确很常见，但后者绝不仅仅包含三角软杯这一种款式，而是具有更丰富的形式及文化与历史内涵。

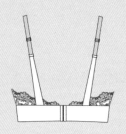

"进化版"三角软杯文胸

罩杯通常会使用更为结实的弹性面料，或者罩杯外层使用蕾丝，内衬层使用高弹力的网纱，比单纯的软杯更具承托力。

罩杯夹层里会插入或缝入一片薄薄的胸垫，既可以解决凸点的风险，又能贴合胸部曲线。

加宽底围的设计可以更好地固定罩杯位置，也可以满足一部分 C 罩杯女性对承托力的要求。

抹胸

抹胸通常采用弹性面料，如含有较多氨纶丝的莫代尔棉、弹力蕾丝等。

抹胸常见无肩带设计，杯口处会涂有黏胶以固定，使其在穿着时不易滑落。但杯口在多次洗涤后会失去黏性，所以很多抹胸同时会配有可拆卸式肩带。

抹胸罩杯多为两层。如果外层使用蕾丝或网纱，则更适合 B 到 C 罩杯的女性，这种胸型可以将蕾丝杯面完全撑起，外观更加好看。现在有越来越多的抹胸夹层里会放入圆形插片或一片式插片，既能防止凸点，也能给予小巧的胸脯一定塑形力。

带钢圈的四分之三软杯文胸

四分之三软杯也称水滴杯，因罩杯形似水滴而得名。通常罩杯外层的蕾丝或网纱会延伸至肩头，以舒缓肩部压力，对大胸型女性很是友好；同时采用钢圈底托，可以帮助固定乳房，对抑制乳房下垂和外扩也能起到一定作用。

带钢圈的全罩杯软杯文胸

此款文胸与全罩杯钢圈文胸的形状功能类似,只是将钢圈内的棉垫罩杯改为软杯,同时保持肩带宽度,以分担肩部压力。

此款文胸适合 D 罩杯以上、不过分在意乳房下垂和外扩、追求舒适感的女性。

带钢圈的四分之一罩杯薄垫或网纱软杯文胸

此款文胸与四分之一罩杯钢圈文胸的形状功能类似,只是会在棉垫内增加一层网纱内衬,作用是从底部抬托胸部,适合乳房底盘过小、不能将罩杯撑满的胸型。

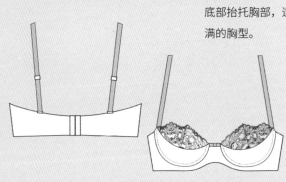

模杯文胸（contour，又称 moulded cup bra）

用一体式热压模杯制作的文胸，具有突出胸部轮廓的功能。由于模杯通常由海绵或填充纤维制成，有一定的厚度，因此绝不会出现凸点的情况。

模杯文胸会使乳房看上去圆滑对称，因此特别适合两胸不对称的女性。但请注意，此款文胸并不会让胸部看上去更大。

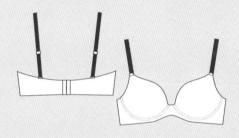

半片围（half moulded）与一片围式文胸（full moulded bra）

这两种文胸都是使用热压贴合技术，将海绵垫和里外层布料贴合成一体的无车缝线迹文胸。

一片围式文胸除去肩带外，罩杯、围度等完全一体成形，无拼接缝。罩杯通过所谓的"子弹头"冲模技术高温定形，呈现立体效果，让胸部显得丰满盈润。罩杯厚度可控，通常在 1.5cm 左右，也有上薄下厚的款式。肩带普遍较宽。半片围式文胸围度一体成形，仅在侧比有接缝。

片围式文胸特别适合搭配 T 恤、布料较为柔软光滑（如丝绸质地）的外衣，或紧身的弹性针织衣穿着。不过，由于片围式文胸的海绵垫通常较厚，呈现效果不太自然，现在已渐渐被无痕软杯文胸取代。

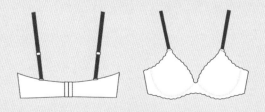

无痕文胸（seamless）与无尺码文胸（one size）

　　无痕文胸是采用不会起毛边、俗称"随心裁"的弹力面料，通过热压黏合一体成形的文胸。

　　制作时通常会用模具将罩杯的两层面料热压出弧度，再使用特殊胶水将裁片热压黏合成形。

　　无痕文胸通常没有车缝线迹，只在接缝需要特别牢固的地方，比如上肩带处，用细小的车缝巩固，整体看上去平滑简洁，穿在外衣下不会显露出痕迹，"无痕文胸"的名字也因此而来。

　　无痕文胸也可以算作软杯文胸的一种，它没有固定杯垫，通常配有可以拆卸的海绵垫，由罩杯内层上的小切口置入和取出。

　　相比车缝文胸，无痕文胸的工艺要简单很多，生产时采用机器流水线作业，使用人工少，出产量高；面辅料也比车缝文胸单一很多，通常不超过两种，如果是背心款，就连常用的肩带辅料也不需要。

　　无痕文胸发展至今，出现了近年销售火爆的无尺码文胸。

　　所谓"无尺码"，据商家的说法，是一个款式只做一个尺码，却可以满足所有罩杯胸型的需求。无尺码文胸与普通的无痕文胸在制作工艺上没有差别，独特之处只在于面料：它使用的面料拉伸力比一般的随心裁面料大，能让底围拉伸至较大尺寸，得以让一个尺码满足多个罩杯的需求。

　　无尺码文胸的最大卖点是购买时无须选码，谁穿都不会出错，但事实真的如此吗？大多数穿过无尺码文胸的人都可能会说，这不过是一种宣传手段罢了。无尺码文胸其实只适合一部分有相对标准胸型的人，因为它的底围虽可以拉伸到较大尺寸，罩杯却是用模具冲好的平均尺码，弧度不可能随着胸型改变。所以，如果你胸型很小，穿无尺码文胸很可能会出现空杯现象，只是罩杯内使用了有弧度的棉垫，面料又非常贴合身体，让你感觉不到而已。而对胸型较大的女性来说，无尺码文胸的承托力并不够，乳房会在文胸里晃动，体感不舒服。

不过，无尺码文胸的好处也显而易见，只不过最大的受益者很可能是商家。

首先，无尺码文胸制作时不用分尺码裁片，没有复杂的面辅料，颜色也只需选几种基本色，极大地降低了成本，具有价格竞争力，可以极大减少库存压力，销售时也没有断码之忧，还有什么会比这一点更让商家高兴呢?

其次，无尺码文胸的外观虽然算不上精致好看，但主打舒服日常，也可以打消消费者对选择尺码的纠结顾虑，因此，即使是对内衣装饰性要求很高的女性，也大多会入手一件。

无尺码文胸近年的火爆，的确有其道理。从符合男性审美的凹凸曲线，到"无痕"的中性舒服，文胸朝着满足女性自我的方向又迈进了一步。但是也必须承认，无尺码文胸的过度泛滥，会对内衣工业的整体结构造成一定的消极影响。技术和工艺的退步一旦出现，就很难在一朝一夕间扭转。

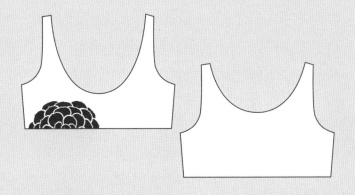

大尺码文胸（plus size）

针对复杂多样的女性胸脯特征，欧美内衣市场做出了简单的划分：

普通尺码：70A 至 80D 罩杯

大尺码：80E 以上的罩杯

这样的划分看似为胸脯丰满的女性提供了选购文胸的方便，却并没有得到她们的认同，反而引发了更多的抱怨。这种划分标准在她们看来多少是简单粗暴的。

在美国，大尺码和普通尺码的文胸设计一直各自独立、齐头并进，但市场覆盖量却相差很大。大尺码的款式种类明显比普通尺码少，并且显然更注重功能性，基本上都是全罩杯，目标集中在"罩全"和"推高"（改善胸下垂或外扩）上，不如普通尺码文胸时尚美观。

然而实际上，丰满女性会对文胸有更多、更高的要求。根据这几年的相关调查，拥有大胸型的女性在大幅度增加。可以肯定的是，女性的平均罩杯尺寸也增长了不少，以英国为例，平均尺码已经从 34B 升到了 36D。几年前，玛莎百货的内衣中出现了 J 杯文胸，塞尔福里奇百货随后售卖了 K 杯文胸。

商家早已察觉到了消费者对于大尺码文胸日益增长的需求，可要做到美观和功能性并重，就尤其要依赖科技支持，比如研发新的弹力布料，设计更符合人体力学的模杯、钢圈，甚至肩带等等，才有可能出现革命性的产品。

好消息是，中外市场上已经出现了越来越多专做大尺码文胸的品牌，它们的表现也都十分亮眼。在百货公司的文胸区域，大尺码文胸的选择范围也在扩大，款式比以前丰富了很多，在运用时尚元素方面也有了十足的进步。

国际及英式文胸尺码对照表：

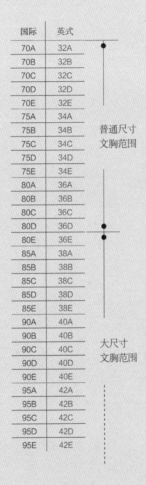

国际	英式	
70A	32A	
70B	32B	
70C	32C	
70D	32D	
70E	32E	
75A	34A	
75B	34B	普通尺寸
75C	34C	文胸范围
75D	34D	
75E	34E	
80A	36A	
80B	36B	
80C	36C	
80D	36D	
80E	36E	
85A	38A	
85B	38B	
85C	38C	
85D	38D	
85E	38E	
90A	40A	
90B	40B	
90C	40C	大尺寸
90D	40D	文胸范围
90E	40E	
95A	42A	
95B	42B	
95C	42C	
95D	42D	
95E	42E	

全罩式大尺码文胸（full coverage，又称 full figure）

顾名思义，指能罩住大部分乳房的大尺码文胸。它专为丰满胸型的女性设计，特别适合穿在 T 恤衫下。

舒适肩带式大尺码文胸（comfort strap）

这一款式的肩带明显宽于普通文胸，并且有轻薄的衬垫。舒适肩带式文胸对于胸型较大的女性尤为合适，能够缓解胸部重量对肩膀和脖颈造成的压力和伤痛。

热压模杯式大尺码文胸（contour）

用一体式热压模杯制作的大尺码文胸。它会使两胸显得更加对称圆滑，却不会增大胸部尺寸，故而特别适合为过大过重的胸部所累的女性。

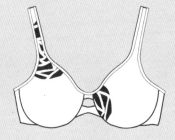

减小胸型式文胸（bust minimizer）

一款可以让胸部尽量显小的文胸。功能通常是抹平胸部，或者将胸部推高后再分散脂肪组织，以使胸部看上去不会过分突出。

内衣课

三种特殊文胸

运动文胸

运动文胸经过 40 多年的发展，已经成了普及度相当高的文胸款式，几乎每位女性的衣橱里都会有一件。

不过，每位女性真的都需要运动文胸吗？

有些人可能会说："我是 A 罩杯，不需要穿运动文胸。"

这是绝对错误的认识。即使是胸型很小的女性，运动时胸脯也会有上下的颠动起伏。胸型越大，颠动幅度就越大，G 罩杯女性运动时胸部的颠动幅度最大可达 14cm。女性做剧烈运动时极易造成胸部韧带损伤，韧带受损后很难修复，所以运动时穿上具有保护功能的运动文胸是必需的。

也有人会说："我不怎么做剧烈运动，所以不必非要穿运动文胸吧？"

其实，即使是在进行不那么激烈的运动，比如爬山、慢走时，也一定要穿合适的文胸以减少胸脯摆动。韧带如果得不到支撑，就很可能造成乳房下垂。

运动文胸在最近几年里，也推出了很多适合中低强度运动、适合日常穿着的款式。它们可以很好地包裹住乳房，外形也比较时尚，常常能与外衣搭配出更好的效果。

不同支撑强度的运动文胸在肩带宽度和罩杯覆盖度上有明显不同，强度越高，肩带越宽，罩杯覆盖度也越高。

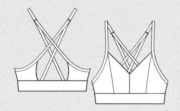

低强度运动文胸

针对乳房低幅颠动的运动而设计，结构简单，大多没有分离罩杯。领口普遍较低，肩带在背部交叉，下围使用宽橡筋，但绝不紧勒。通常由两层布料组成，内层为有弹性的网状织物，外层为分量较轻的锦氨面料或棉质感面料，可以自如拉伸，体感舒适，普遍适合日常穿着。经常与超长的运动背心或吊带式运动服搭配。

低强度运动文胸常与运动背心搭配穿着。

◦ 一般健身文胸

一般的健身运动，大多动作强度不高或较为舒缓，比如瑜伽、普拉提、慢走、蹬车等。

舒适的健身文胸通常没有钢圈，面料多采用柔软、透气性强的棉与氨纶的混纺材质，特别适合在进行轻度至低中度运动时穿着。通常一种罩杯可以对应三个尺码，有足够的空间。肩带较宽，后背为交叉式，可以分散肩膀的压力。

◦ 瑜伽文胸

由于瑜伽动作式样多且幅度大，需要搭配有较大包裹度和超强稳定性的文胸。

瑜伽文胸使用速干、吸湿、分量轻的专利面料，有很好的覆盖度。

后背交叉式的设计可以在大幅度拉伸身体时给予手臂和肩膀充分的自由。肩带通常没有调节扣，便于做躺卧动作。

瑜伽文胸的面料轻盈柔软，让人几乎感觉不到它的存在；具有良好的透气性，能呵护乳房的自然形态，不会对其造成伤害。如果瑜伽是你每天都坚持在做的运动，那么最好选择专业瑜伽文胸品牌的产品。

中强度运动文胸

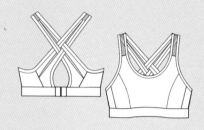

针对乳房中幅颠动的运动而设计，主要特点是稳固、支撑性好、舒适排汗。织物的弹度比低强度运动文胸要高，对胸部有一定压力，从而达到固定两胸的目的。剪裁上会充分考虑乳房形状、结构，以及肩背受力等因素，多设计为罩杯分离式，领口呈高 U 形，加宽肩带，增加交叉式后背设计的透空感，在确保固定性能的同时仍然保持相对的舒适性。

◦ 健身房中强度运动文胸

健身房中除了舒缓类运动项目以外，还有力量型的高强度运动项目，如竞走、攀岩、重量训练等。在健身房中运动时，通常无法中途更换文胸以适应不同项目，所以健身房文胸大多可以满足不同运动的需求。

健身房运动文胸通常有分离式罩杯，以分别支撑两只乳房的重量。肩带设计为宽窄过渡式，带有柔软厚实的棉垫，并且可以调节长短。此类文胸不能使用细肩带，否则很难承托和控制有分量的乳房，还会造成肩膀疼痛、引发疾病。健身房运动文胸一般采用锦氨混纺面料，包裹和控制力度较强。

高强度运动文胸

针对乳房高幅颤动的运动而设计，主要特点是防振、透气速干，文胸要在完全包裹住乳房的同时减少其向各个方向的颤动。面料的氨纶含量较高，既紧实又透气吸汗。罩杯一定是分离的，有高 U 形领口，胸部更加聚拢。侧翼加高，稳固缓振，肩带较宽，大于或等于 2cm，以降低肩颈压力。后背呈工字形设计，固定性强，下围橡筋比一般运动文胸要宽，可以托住乳房不让其移动。适合跑步（尤其是快跑）、球类、搏击操、HIIT 等高强度运动。

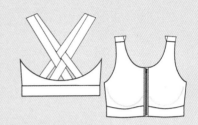

○ 跑步文胸

跑步文胸通常使用氨纶含量较高、与莱卡混纺的面料，手感凉润爽滑，不起褶，无空隙，不会摩擦皮肤造成红肿和疼痛；同时还具有紧实的弹力，既能完全包裹住乳房不让其颤动又不会使人产生窒息感，更不会损害乳房内的纤维组织，这对于跑步者而言至关重要。

跑步是出汗量较多的运动之一，因此跑步文胸多半会在某些部位（特别是后背部位）使用柔软的网眼布，宜于吸汗散湿。

跑步后流汗较多，而传统的运动文胸需要从头上脱下，十分不便。针对这种情况，大多数跑步文胸使用了前开口的设计，比如在前中部位使用拉链。

◦ 有氧运动文胸

做高强度有氧健身运动，如跑步等田径项目时所穿的文胸，通常具有较高的支撑度和遮盖度。领口较高，多为圆弧形。较宽的肩带在后背交叉，可以分散肩膀压力，也让抬臂等动作更加自如。

有氧运动文胸使用的布料比一般运动文胸更紧实，能承受各种压力。文胸底部有较高弹力的底围橡筋，既能承托乳房的重量，又能保证舒服的体感，使两只乳房在做高强度运动时不会向各个方面颤动。在出汗多的位置，如胸口、腋下多有网眼设计，便于散湿透气。

◦ 跆拳道文胸

跆拳道文胸的罩杯通常稳定性很好，保证乳房不会从任何角度溢出。肩带通常宽且柔软厚实，有良好的弹性。多采用后背交叉式设计，便于做出抬臂等动作。肩带上没有调节扣，方便做躺卧动作。

面料通常棉含量较高，贴近肌肤的内层面料尤其柔软，即便做大幅度动作时也不会擦痛皮肤。

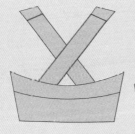

内衣课

⊚ 大尺码高强度运动文胸

对于胸围尺码较大的女性来说，找到一款合体、支撑力度强且体感舒服的运动文胸往往非常困难。但情况已经在改变，一些品牌已经开始为这些女性研发专门的运动文胸。

大尺码运动文胸特别需要将两只乳房分离，固定在各自的罩杯里，保证它们不会因为剧烈的运动而受伤。罩杯通常有明显的拼缝线，拼缝越多则支撑性越好。若使用热压成形的模杯，外层硬挺，可以给下垂的乳房更好的支撑；模杯上通常会有打孔，增加透气性能。

大尺码运动文胸的肩带宽且厚实，能够分担肩膀的压力。领口和腋下都采用封边带，能够很好地固定乳房、支撑乳房重量。

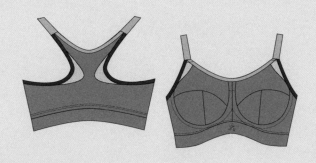

选择运动文胸时需要注意的几个问题

1. 颜色。穿着在外衣之下的文胸，该选择大胆的鲜艳色还是含蓄的中性色？这是非常个人的选择。

2. 罩杯和杯口。搭配紧身上衣穿着时，无缝罩杯的文胸会更加不露痕迹。同时也要考虑到运动文胸的杯口通常比较高，注意尽量不要在外衣领口处露出。

3. 棉垫和模杯。很多运动文胸会使用带有弧度的棉垫和模杯，给予乳房一定的塑形。

4. 交叉背带还是普通肩带？这是比较个人的选择。有些女性觉得交叉背带非常不舒服，尤其当交叉点过高，接近后脖颈时。不过，如果你运动时经常需要将手臂抬过头顶，交叉式背带可以减轻很多压力，也会对含胸驼背的体态起到一定矫正作用。

5. 文胸还是短背心？这既取决于你的个人喜好，也取决于你的运动项目。如果是跟孩子一起登山或骑车，穿短背心就更合适——如果太热，你可以随时脱掉 T 恤。

6. 带钢圈还是无钢圈？这也完全是个人选择。如果你日常总是穿着带钢圈的普通款文胸，那么你多半会觉得带钢圈的运动文胸更舒服。

对于乳房丰满、更常处于运动状态中的女性，运动文胸可以起到更大的帮助作用。哺乳、照看蹒跚学步的孩子或者做园艺时，女性最害怕的事情往往是弯腰时乳房弹出，或者从罩杯上方露出，而运动文胸可以帮她们免去后顾之忧。重要的是，要选择一款面料透气性强、吸湿性能好的运动文胸。

哺乳文胸

大部分女性一生中至少会扮演一次母亲的角色。从哺乳期开始，女性就应使用专门设计的哺乳文胸。

哺乳文胸的罩杯上有扇"窗"（授乳开口），可以随时打开，方便母亲哺喂婴儿。同时，考虑到孕期乳房增重，容易造成下垂问题，哺乳文胸通常具有良好的承托力，避免走路等乳房颠动较大的情况导致下垂更加明显。

根据授乳开口的不同形式，哺乳文胸一般有三种款式：

全开口式：可以掀下整个罩杯。罩杯仅以活动扣袢与肩带衔接，哺乳时无须将胸罩脱下，只要解开扣袢，罩杯即可完全向下掀开，露出整个乳房。

开孔式：在罩杯上开孔，只露出乳头、乳晕及周围皮肤，有一定隐蔽性。

前扣式：两个罩杯之间设有纽扣，便于单手解系，露出乳房。

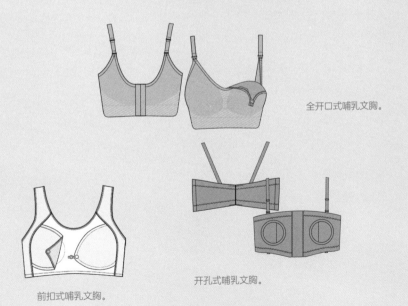

全开口式哺乳文胸。

前扣式哺乳文胸。

开孔式哺乳文胸。

选择哺乳文胸时需要注意的几个问题

1. 选择柔软的棉布材料。理想的哺乳文胸由针织棉布制作，而不用化纤布料。这是因为化纤织品的纤维尘粒有可能会进入乳腺管，导致乳汁分泌和排乳不畅。细软的棉布不会硌着乳房，也不会对乳头产生不良刺激。

2. 选择两侧有明显上扬的全罩杯，这样才能包裹住丰满的乳房，并给其足够的支撑力。

3. 对于哺乳文胸是否应有钢圈一直存在不少争议。带有钢圈的哺乳文胸能更好地支撑哺乳期变大的胸部，但是，钢圈也有可能压到乳腺管，直接影响哺乳，还可能引发乳腺炎。不过，对于胸部较大的女性，钢圈哺乳文胸仍是目前比较好的选择。

4. 选择带钢圈的哺乳文胸时，底边应有较宽的 W 形托衬。这样的设计能够完全托起丰满的乳房，保证增大的乳房不会下垂变形。钢托外应有纯棉织物包裹，防止磨伤皮肤。

5. 如果哺乳文胸是不带钢圈的，罩杯下方的底边就要足够宽，使用弹性面料（比如棉加莱卡）。底边可以稍长，这样腋下及后背就不会形成凹沟。

6. 哺乳文胸的肩带要与罩杯垂直，而且应当宽一些，至少有两根手指的宽度，以避免乳房下垂造成肩部酸痛。

7. 哺乳文胸最好选择本白色，纯白色的文胸有可能加入了漂白剂，颜色太过鲜艳亮丽的文胸也可能加入了化学染色材料，会致使皮肤不适，损害婴儿健康。

8. 女性若在公共场合喂奶，穿着哺乳文胸的同时可以搭配其他专为哺乳设计的衣物，让哺乳过程更轻松。市场上有专门设计的哺乳披肩，可以保证隐私性。

市面上已有的术后文胸

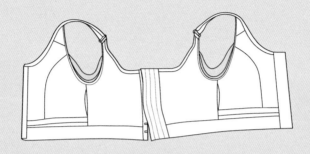

贝丽丝压力舒适文胸。

欧美市场上最早出现的一款乳腺癌术后内衣，叫作"贝丽丝压力舒适文胸"（Bellisse Compressure Comfort Bra），是由运动文胸的发明者 —— 美国的丽萨·林达尔与莱斯利·贝尔医生（Dr. Lesli Bell）于 2001 年共同设计的。这款文胸不仅适合乳腺癌术后患者，也适合其他乳房手术或胸腔手术的术后患者。

女性接受乳房或胸腔手术后，最常见的后遗症是淋巴水肿，胸壁或乳房水肿，以及疼痛不适，这款压力文胸便是针对这些问题做出的设计，具有一定的医疗功用。林达尔以自己发明的运动文胸为基础，仍然使用化纤、尼龙加弹力纤维的高弹力面料，在结构设计上让内衣赋予身体一定压力 —— 只不过运动文胸的压力集中在乳房部位，以防止乳房向各个方向颠动；而这款术后压力文胸则将压力分散到乳房外围的躯干上，以促进手术后淋巴积液排出，减缓疼痛。这款压力文胸表面光滑，白天穿在外衣下面不会过分显露痕迹，晚上睡觉时也不用脱下，同时，还可以吸收血渍和其他液渍，方便清洗。

在之后的 20 年里，偏重功能的乳腺癌术后文胸一直在这款压力文胸的基础上做出改进。考虑到因清扫淋巴结造成的腋窝凹陷、上臂水肿等问题，新款压力文胸的覆盖面积更大，有些甚至有半截衣袖；而针对很多患者术后驼背、塌肩甚至斜肩的问题，新款术后文胸像运动文胸一样，在背后设有交叉点，以帮助患者有意识地扩胸展肩。

不过，跟运动文胸一样，压力文胸并不适合长时间日常穿着。透气性不佳的化纤面料、厚实的车缝线迹、勒身的包边橡筋以及底围的宽橡筋等，对于那些刚刚拆线、伤口和皮肤都还处于敏感脆弱状态的女性，尤其是皮肤更为细嫩的东方女性来说，虽能起到一定辅助伤口愈合的医疗作用，却也容易造成难以承受的新痛点。患者在拆线、回归日常生活后，显然还是需要一款更舒适、更亲肤、零负担的日常文胸。

日常术后文胸

市场上后来出现了一种叫作"mastectomy bra"的术后文胸，可以译为"乳房切除术后专用文胸"。与贝丽丝压力舒适文胸相比，它的功能性较弱，表面上与普通文胸没有太大区别，只是在罩杯的后面设有开口，可以承放义乳，因此被更多患者接受，作为日常穿着的术后内衣。

这是一款"乳房切除术后专用文胸"的背面。和普通文胸一样，它有封边橡筋、底围橡筋等，只是在罩杯后面设有开口和夹层，可以放入硅胶义乳。

然而，这种文胸一直被批评缺乏对术后女性身体状态的充分调研，承放义乳的夹层大多不是按照义乳的具体形状专门做出的贴合设计，要么开口过大，要么夹层空间过大，义乳放入后会经常跑动，甚至掉出，也很难解决手术后两胸不平衡的问题。

"姜好"术后文胸

直到 2021 年，一款名为"姜好"的文胸打破了术后内衣的保守形态。在对术后女性的身体状况以及现有术后内衣市场进行了大量调研后，"姜好"最终呈现的方案是将术后文胸与填充物做整体设计，这在全球尚属首次。

◎ 全新的模块化设计

乳腺癌是与雌激素密切相关的癌症，大约三分之二的患者在结束正规治疗后还要服用5~10 年不等的内分泌调节药物，有些人更是因此提前进入了更年期，出现了潮热盗汗等体征，在未来的几十年里，不仅体重和体型将不断变化，健侧的乳房也会出现变化。针对术后两胸很有可能无法再高度一致的问题，"姜好"采用了左右两半的模块化设计。文胸分为"健侧"和"患侧"两个半片，拼合后外观与常规文胸一样，但内在结构和尺寸细节却有很多独特之处，既可以针对健患侧的不同情况给予胸部承托保护，也可以通过改变模块化配置，让高度不一的两胸调整到接近理想的状态。

同时，文胸前后都有开扣拼合，一并解决了很多清扫淋巴结后上肢出现功能性障碍的女性无法从背后系扣的难题。

◎ 新材质的模杯

许多术后女性迫切需要硅胶材质之外的义乳，为此，"姜好"使用了一款新材质的实心海绵杯。这种模杯可以减轻肩颈压力，让刚刚拆线的伤口处于较轻松的状态，同时夏

作者为乳腺癌术后女性设计的"姜好"内衣。感谢两位试穿志愿者患友出镜。

天穿着不闷热，挤公交时不用担心被碰触，做简单的俯身动作时，也不会被硬邦邦的硅胶材质硌到。

◎ 可调节的特殊肩带

针对手术后患侧胸壁变薄而导致的空杯现象，"姜好"采用了特殊的肩带及调节扣设计。患者可以将 9 字扣放置在合适的扣眼上，最大限度地调整杯口长度，让两侧薄厚不同的胸壁达到与衣物基本贴合的状态。

活动 9 字扣还可以固定肩带，使其在背后交叉，在背部制造较小的压力点（这与运动文胸的设计原理一致），从而有效地帮助患者挺胸、抬头，加强复健愿望。

内
衣
课

◦ 无痕工艺及柔软温凉的辅料

术后女性的伤口及周边皮肤都处于敏感脆弱的状态，因此，"姜好"使用了相当柔软温凉的 100 支高密度莫代尔棉面料、高透气性能的海绵模杯，并整体采用无痕工艺，让患者在术后拆线、第一次洗澡后，能够拥有一件无车缝线迹、无压痕、无橡筋勒束、无异物感的内衣陪伴。

"姜好"不仅仅是一款文胸，更是为有乳房问题的女性提供的一整套内衣解决方案。它不仅适合乳房切除术后的女性穿着，也适合在保乳手术、乳房重建手术后穿着，还可以解决上千万哺乳女性可能面对的大小乳问题。

文胸上的小配件

人各有异，即使是再精心制作的文胸，也有可能出现不合身的烦恼。内衣业当然也注意到了这些普遍存在的问题，一些小配件被不断设计出来，作为标准化生产之外的补充。

活动式罩杯内垫

希望胸部圆润丰满一点吗？那就把这两个"小饼干"放进罩杯吧。无须手术，你即刻就可以拥有优美又自然的胸部曲线。

乳头贴

穿较薄的文胸时可能会出现凸点问题，这时可以使用乳头贴。乳头贴通常由硅胶制作，背面涂有黏性胶，可直接贴在乳头上。

肩带固定带

还在为肩带经常从肩头滑落而烦恼吗？肩带固定带可以将文胸的肩带快速变为后背式，既可以解决肩带滑落问题，也免去了穿无袖衣服时肩带外露的烦恼。

肩带垫

如果肩带过窄，会给肩膀造成压力，胸部较大的女性尤其饱受其苦。使用海绵肩带垫可以减轻文胸对肩膀的压力。肩带垫可通过滑环嵌入，操作简单方便，通常有黑色、白色、裸色三种颜色。现在也有硅树脂材质的透明肩带垫。

文胸背钩加长扣

假如罩杯合适，但底围过紧，就可以使用背钩加长扣来解决问题。

完美内衣橱

Q&A

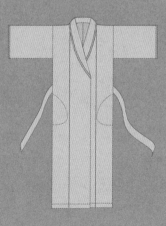

我喜欢把自己的内衣收纳在两只箱里：

衣"（daywear），一箱是"夜内衣"（nightw

箱子的把手上用"太阳"和"月亮"的标签作

用"太阳"代表的日内衣是白天穿在外衣下

胸、内裤、塑身衣。

用"月亮"代表的夜内衣则是在卧室一类的

的，包括睡衣和家居服。

让我们了解内衣的知识，更加爱惜自己的身体

内衣的品味、乐趣和理性。

正所谓了解后才有选择的权利，这也是《内衣

书想要做到的。

EMILY YU

第一屉　文胸

以一年 / 半年为限，提供内衣橱中文胸抽屉的规划——

必备款式类型	款式图	颜色（请在方块内画√）		材质（请在方块内画√）	数量
钢圈拼杯文胸（underwire & padded bra）		黑色☐　裸色☐ 白色☐　流行色☐		光面☐ 非光面☐	
软杯文胸（soft cup bra）		黑色☐　裸色☐ 白色☐　流行色☐		光面☐ 非光面☐	
无痕文胸（seamless）		黑色☐　裸色☐ 白色☐　流行色☐		光面☐ 非光面☐	
运动文胸（sports bra）		黑色☐　裸色☐ 白色☐　流行色☐		光面☐ 非光面☐	
片围 / 半片围（moulded bra）		黑色☐　裸色☐ 白色☐　流行色☐		光面☐ 非光面☐	

半年期作者建议数量配比

拼杯文胸罩杯尺码种类很多，对胸部丰满的女性来说，是最能完美贴合胸部线条的款式，应该成为女性内衣橱里的必备款。

拼杯文胸应首选光面，但也应至少有一款非光面的。

颜色应首选裸色和黑色这两种基础色（也可用灰色替代）。

软杯文胸更适合罩杯尺码为 C 以下、胸型较小的女性，但不适合外扩的胸型。

可以大胆选择非光面材质的软杯文胸，如蕾丝、刺绣等；真丝、莫代尔棉或梭织棉等光面材质也是很好的选择。

白色、粉色、流行色及印花图案都能很好地体现出软杯文胸的美感。

无痕文胸普遍更适合 C 罩杯以下的胸型，除非内有黏胶设计，能给予乳房特殊的承托，否则大多数无痕文胸并不适合 D 杯及以上的丰满胸型。

目前市场上这款文胸以光面居多，有些虽使用了蕾丝面料，但因为制造商普遍还不具备在精细蕾丝罩杯处做抗破裂热压冲模的能力，因此蕾丝无痕文胸大多为机织提花款，凹凸感不强，可以当作光面文胸穿着。

市面上的无痕文胸素色较多，可以根据喜好自行选择。

运动文胸普遍为光面，颜色以深色为主，也常见鲜明的撞色或拼色设计，可以根据自己的喜好大胆选择。

建议丰满女性选择深色款，浅色面料视觉上会有明显的扩张感，让胸部显得更大。

这类文胸特别适合想增大胸部的小胸女性。

如果想追求较自然的穿着状态，就不要选择片围或半片围文胸。

目前这类文胸以光面居多，蕾丝款使用的也大多是缺乏凹凸感的提花蕾丝，透感不够。

Q&A

1. 如何测量胸围尺寸？

测量上胸围

上身前倾 45 度；

软尺绕过乳点一周，得出上胸围尺寸。

测量下胸围

身体直立，用软尺贴近乳根；

水平环绕一周，得出下胸围尺寸。

2. 如何计算罩杯尺码？

文胸罩杯尺码常用计算公式

上胸围 − 下胸围 = 罩杯尺寸

10 ± 1cm	A
12.5 ± 1cm	B
15 ± 1cm	C
17.5 ± 1cm	D
20 ± 1cm	E
22.5 ± 1cm	F
25 ± 1cm	G

假如你的下胸围是 75cm，上胸围在 86.5 ~ 88.5cm 之间，上下围差在 12.5cm 左右，那么罩杯尺寸为 B，对应的文胸尺码就是 75B。

3. 如何看懂罩杯尺码?

文胸的尺码，通常由阿拉伯数字和一个英文字母组成。

阿拉伯数字代表的是底围（下胸围）尺寸，字母代表的是罩杯尺码，两者对于我们能否选择到合适的文胸至关重要。它们实际包含了两个我们必须了解的信息：

用阿拉伯数字表示的底围尺寸固定不变。这意味着，一旦找到让你感觉最舒服的底围尺寸，比如 75 或 80cm，那么你在挑选任何品牌、任何款式的文胸时，都可以毫不犹豫地选择这一尺寸，因为无论罩杯如何变化，底围的尺寸都是不变的。举例来说，下图中 75B、75C 与 75D 的底围没有任何不同。

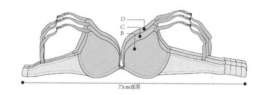

罩杯的容量随着底围的增加而增加。

同样是 C 罩杯，容量 70C ＜ 75C ＜ 80C。

为什么呢?

因为罩杯尺码（即上胸围减去下胸围的差）是固定的，那么自然底围越大，上胸围尺寸越大，罩杯容积也会相应增大。

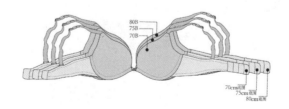

4. 如何了解我的胸型 / 根据胸型选择文胸?

胸型的分类有很多，常见的胸型有以下几种：

胸型	描述	选择文胸时经常遇到的问题
圆形	胸脯从底部至乳头逐渐圆满凸出，是普遍认为的标准胸型。 内衣人台通常都会被设计为这种标准胸型，它也是大多数文胸生产商在设计产品时使用的模板胸型。	基本适合市场上所有品类的文胸。
外扩	乳头朝向身体外侧，两只乳头分开较远。	如果选择支撑力不够的文胸，会加剧两胸外扩程度，乳头无法朝向身体前方。
钟形	又称欧米茄胸型（omega breast shape）。从底部到乳头的围度不像其他胸型那样越来越小，而是越来越大，很像希腊字母"Ω"。 D罩杯及以上尺码的丰满女性经常会有这种胸型，通常底盘小而乳房组织丰满。	很难找到能给予乳房足够支撑力度的文胸。

6

建议选择的文胸类型	不建议选择的文胸类型
罩杯形状可选四分之三罩杯、半罩杯和深 V 罩杯； 罩杯款式可选软杯、薄绵杯和立体拼杯。	全罩杯文胸； 热压模杯和厚模杯文胸。
带有钢圈或软钢圈的文胸为最佳选择，可选带有内推或聚拢型胸垫的款式； 罩杯形状可选全罩杯、四分之三罩杯和深 V 罩杯； 罩杯款式可选薄绵杯、立体拼杯和热压一体式模杯。	软杯文胸； 无钢圈文胸。
最好的选择是裁剪缝制一体化的文胸，也就是所谓的"车缝文胸"，且罩杯最好为拼杯，由 3~4 片组成，特别要有支撑两翼的悬拉带； 选择使用非弹性布料制作罩杯的文胸； 选择带有侧翼嵌条的文胸，可以对胸脯起到一定的固定作用，使乳房不向身体外侧溢出； 罩杯形状应选择全罩杯，深 V 罩杯文胸也可以是一个选择。	软杯文胸； 热压贴合式无尺码文胸，无法给予丰满乳房足够的支撑； 无法在底围给予特别支撑的无钢圈文胸； 热压模杯文胸或轮廓式文胸，除非使用的是专为大尺寸胸型特制的模杯，一般模杯不可能为胸部提供足够正当的支撑，也很难合体。

胸型	描述	选择文胸时经常遇到的问题
 锥形	胸脯底部比较圆润，但越往上形状越尖，近似于冰激凌蛋筒的形状。	因为底盘大、乳房组织少，经常会有空杯现象，即乳房不能撑满罩杯。
 细长型	这种胸型又被称为"薄胸型"，下胸围较小，乳房呈瘦长下垂状，且两胸隔得较开，形似细长的布口袋。	薄胸型的人穿戴钢圈文胸时，钢圈弧度总会过宽，造成文胸下滑，无法稳定在合适的位置，也经常会出现空杯现象。
 不对称 （俗称"大小乳"）	左右两胸大小不一，这种胸型在女性中很常见。事实上，这世上没有一对乳房是左右两侧完全一样的，可能一侧稍大一侧稍小，一侧稍高一侧稍低；两侧乳头的大小也可能不同，凸出的方向亦会有细微差别。"不对称"的情况在上述五种胸型中都有可能出现。 造成两胸不对称的原因有很多，先天发育造成的两侧胸围差异如不超过两个罩杯尺码，比如左胸为75A，右胸为75D，则属于正常情况，但若差异更大，则属异常。其他可能造成两胸差异的原因包括：受伤、手术后遗症、更年期女性荷尔蒙变化。另外，运动员若经常使用同一只手臂训练，也会造成两胸不对称。	难以选到尺码合适的文胸，而穿紧身外衣时，两胸不对称的情况会更为明显。

建议选择的文胸类型	不建议选择的文胸类型
带增高底托的热压一体轮廓式罩杯文胸是比较好的选择，左右罩杯之间的鸡心位越高越好； 可以在罩杯底部放入活动式小衬垫（cookies）以填满罩杯空隙，从而丰满胸线； 推高式文胸可以从底部和两侧向上挤推胸部，使胸形看上去更丰满，甚至可以制造出乳沟效果； A 或 B 罩杯的小胸型可选择带厚垫的推高式文胸； C 罩杯以上的胸型，可选择轮廓减小式文胸（minimizer），让胸部看上去圆满又不至于过于丰满。	没有任何结构支撑的文胸或软杯文胸，它们不具塑胸功能，会让胸线毫无魅力。
推高式文胸会让胸形显得丰满，在底部和罩杯外侧带胸垫的推高式文胸是最佳选择； 由较硬的海绵模杯制作的热压成形文胸也是一个不错的选择，它能让胸部看上去更圆满一些，也可以掩盖空杯问题； 可选择深 V 罩杯文胸，但要选择钢托位置在前胸中心较低的款式。	一般的钢圈文胸很难合体，位置不合适的钢圈还有可能伤害胸骨； 软杯文胸虽然体感舒适，却很难让细长的胸线呈现出优美的轮廓。
应该根据较大一侧乳房的尺码选择文胸，带活动式垫片或薄模杯的文胸是最佳选择，特别是带活动衬垫的推高式文胸，可根据实际情况塞入或抽出垫片，达到两侧对称，特别推荐硅树脂材质的活动垫片，它的质感如液体一样，会让胸部看上去更自然； 轮廓式的模杯文胸也是不错的选择，因为它的罩杯是经过压模形成的，不会随着胸形变化，不必另外使用活动垫片左右两胸就可以在视觉上达到对称； 如果两只乳房的围度差值超过了两个尺码，则可能需要特别定制文胸，在这里特别推荐"姜好"的模块化文胸； 对 D 罩杯及以上的大胸女性来说，选择文胸杯口有弹性橡筋或弹力蕾丝的款式会更服帖。	深 V 罩杯文胸，这种款式只会加剧两胸的不对称。

5. 我应该在什么时候购买人生中的第一件文胸？

许多女生长到 16 岁时，家长或老师会提醒她们要开始佩戴文胸，其实这不完全正确。

正确的做法是，一旦女生发现自己的乳房开始隆起，就应该经常用软尺测量乳房上根部经过乳头到乳房下根部的长度，如果长度大于 16cm，就应该佩戴文胸。

乳房的发育受遗传、营养、运动等因素影响，发育的年龄因人而异，因此不能一概而论。假如年过 16 岁，但测量尺寸仍不足 16cm，则无须佩戴文胸。过早戴文胸不仅会压束正处于发育隆起中的乳房，还有可能影响未来生育后的乳汁分泌。

6. 15 ~ 22 岁的少女应如何选择文胸？

这一时期的少女挑选文胸时，应注重文胸的保护性和承托性，选择的文胸应舒适、吸汗，能够辅助塑造初期发育的胸部，在大量运动后能帮助人体吸湿排汗。

对于青春期少女来说，文胸不能过紧，也不能过松。有些女孩发育较早，但乳房体积较小，常犯的错误是选用很宽松的文胸或者干脆不戴文胸。这就会使乳房失去依托，虽然不至于下垂，但也不能为未来的发育打下良好基础。

棉布虽然是公认的健康材质，但因为吸湿性太强，又无法速干，对于日常运动量大、出汗多的少女来说，体感可能并不舒服。应选择优质、柔软的弹力化纤面料，比如锦氨、尼龙等，或此类成分含量较高的面料，透气性能好、散湿性强。

这一年龄段的少女不宜佩戴有钢圈的文胸。

对少女来说，使用贴合工艺制作的无痕背心围是非常合适的内衣款式。背心围会用一种叫作"子弹头"的磨具热压出突起的胸围，形成可扩展的弧度空间，能满足青春期乳房快速发育变化的需要。这种突起的胸围通常有两层，背面有可以插片的口袋，需要时可以放入棉垫，对乳头加以保护，也能避免凸点的尴尬。

7. 22 ～ 45 岁的青年女性应如何选择文胸？

"青年"包含的年龄段已越来越长，很多女性的"青年状态"可以延续到40 或 45 岁。这一时期的女性普遍会进入或维持较规律的生活状态，一些人仍会经历发育，多数人会有哺乳经历。

这个年龄段的女性在选购文胸时应注重保护性，对美观性也有了更高要求。

由于很多女性会在这个阶段经历哺乳，有起伏较大的乳房变化，文胸的大小要时根据变化做出调整，以完全贴合为佳，过小，会压迫乳房和乳头；过大，则达不到支撑、保护乳房的作用，且影响美观。

美感是这一阶段的女性非常看重的价值，选择文胸时可以大胆、前卫，给自己的身体充分展示的机会。

8. 45 ～ 60 岁的中年女性应如何选择文胸？

这个年龄段的女性，普遍因经历了怀孕、哺乳等过程，再加上基因影响、地心引力作用，乳房会发生松弛、下垂、外扩等现象，体态上也可能明显增重。因此，这一时期选择文胸时应最注意修身性，要多选择全罩杯文胸，特别是侧翼腋下和底围有足够支撑力的文胸；也可以选择中型或重型收束型内衣。

9. 60 岁以上的老年女性应如何选择文胸？

这个年龄段的女性一般更倾向于选择宽松式内衣，对内衣的保健性有较高要求。如果想要追求束身效果，应在轻型收束内衣里挑选。

11

这一年龄段的女性普遍更易"发福"，大多有比较明显的胸下垂状况，需要穿承托力更强的大尺码文胸。建议选择更具功能性的大尺码文胸，比如可以改善下垂状况的提拉式全罩杯款式，罩杯有多片拼接的拼杯文胸，或者底围橡筋较宽、能减缓乳房下坠态势的文胸等。

不过，目前大尺码文胸中最具提拉功能的还是钢圈文胸，假如不能接受传统的硬钢圈，可以选择新型软材质的钢圈文胸，或者模仿钢圈结构的软支撑文胸。

大尺码的乳房通常有一定重量，因此文胸最好选择宽肩带式，肩带宽度应不小于 2cm；或者选择过渡式肩带，即肩带在起点处较窄，到肩头处加宽至 2 ～ 3cm 左右。只有足够宽的肩带才能给予乳房足够的支撑，避免肩背疼痛。

10. 应该选择哪种肩带款式的文胸？

我们的外衣领口有着各种各样的形式，如果不希望文胸肩带从外衣下露出，就需要备有不同肩带款式的文胸。

常见的肩带设计有：

无肩带式（strapless）

没有肩带，或附有可拆卸式肩带的文胸，通常杯口的上下两端会涂有硅树脂或橡胶条，以防止文胸在不使用肩带时往下滑落。

半罩杯是最常见的无肩带文胸款式。无肩带式文胸适合搭配无领礼服穿着。

虽然无肩带式文胸有小尺码的款式，不过胸部过小的女性穿着时，文胸容易下滑，所以胸部较小的女性最好使用肩带，以免造成尴尬。（也可以选择透明材质的肩带。）

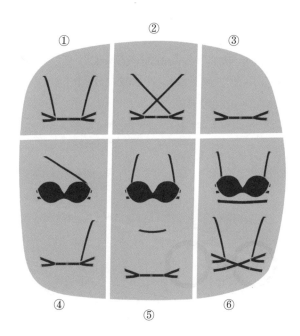

活动肩带式（convertible）

　　肩带与围度的前后片都用 9 字扣相连，可以随意变化肩带的形式以适应不同外衣领口的需要，比如后背交叉式、挂脖式、单肩式等。这种肩带设计的文胸最适宜旅行出差时使用，带上一件足以应付不同场合的穿衣需要。

　　如上图所示，肩带变化形式有以下几种：

　　①正常后背式，适合大部分领口款式的外衣。

　　②肩带后背交叉式（cross-back），适合搭配露出肩胛骨的背心和外衣穿着。

　　③无肩带式，适合穿在露肩外衣下。

　　④单肩式（single shoulder / one shoulder），适合搭配单肩式外衣。

　　⑤挂脖式（halter），肩带从脖颈后绕过，从肩膀和后背上部看不见文胸肩带。适合搭配挂脖式外衣。

　　⑥低背式（low back），系扣在后背上较低、接近腰部的位置。适合在露背外衣下穿着，也可以拿掉肩带。

可变动的 T 字后背式 （convertible racerback）

只要一个小小的配件，文胸的常规肩带就可以变成 T 字后背式，这个配件就是一对带钩扣的 0 字扣式滑环。

将滑环上的钩扣扣在一起时，肩带就可以聚拢于后背中间，形成 T 字后背式的效果。

这种带钩扣的滑环还可以防止肩带下滑，对肩部较窄或溜肩膀的女性特别适用。

这种文胸也是夏天必备的款式，最适宜搭配无袖上衣和背心穿着。

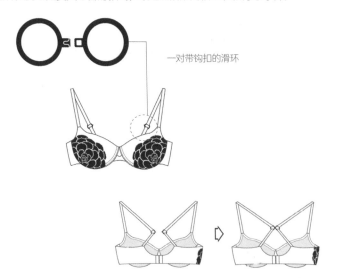

一对带钩扣的滑环

将滑环上的钩扣扣上，常规肩带就可以变为 T 字后背式

专为露背装设计的款式

这不是文胸市场上常见的肩带款式，因为它是为搭配特殊类型的外衣而设计的，比如大露背长裙礼服或其他露背上衣。

同样，没有侧比、后背和肩带的硅胶隐形文胸，也很适合露背装，但并非所有人都适合佩戴硅胶隐形文胸。

无后背式文胸，没有侧比、后背

11. 什么是硅胶隐形文胸?

这是一种用硅胶制作的文胸，因为硅胶的颜色与皮肤接近，因此穿戴后有"隐形"效果。

硅胶隐形文胸通常没有肩带，也没有侧比和后背固定设计，只有两个用硅胶制作的罩杯轮廓。罩杯内层涂有黏胶，可以直接贴在乳房上。

这种隐形文胸是出席很多场合时的理想选择，也适合搭配特定的外衣，如露肩礼服、露背礼服、吊带装或一字领衣裙。

虽然"隐形"效果理想，但这款文胸并非适合所有人或所有场合。

12. 哪些人不适合硅胶隐形文胸?

乳房下垂明显的女性。隐形文胸能够让胸部聚拢，但不能让下垂的胸部得到提升，甚至有可能会让下垂更明显。现有的硅胶文胸会在罩杯上方设计有一段延长的透明胶布，可以起到一定的提拉作用，但无法达到一些布质文胸的内推效果，所以建议有下垂烦恼的朋友最好不要选择隐形文胸。

乳房皮肤有破损、容易过敏的女性。硅胶文胸透气性差，长时间穿戴有可能造成胸部皮肤瘙痒不适。

胸部经常出汗的女性。汗水会影响硅胶文胸的黏性，甚至令其突然脱落。因此，爱出汗，特别是更年期容易潮热的女性，在正式场合最好不要冒险佩戴硅胶隐形文胸。

13. 可以长时间穿着硅胶文胸吗？

专家建议一天穿着硅胶文胸的时间不要超过 6 小时。

硅胶文胸不透气，穿戴时间过长，出的汗无法透干，既容易造成皮肤瘙痒红肿，也容易影响硅胶黏性，造成文胸脱落的尴尬情况。

其实，需要穿着硅胶文胸的季节主要是夏天，可夏天又是温度最高、人体最容易出汗的季节，长时间佩戴硅胶文胸会让人感觉闷热难耐。

14. 如何正确穿着硅胶隐形文胸？

第一步，做好胸部清洁。

在穿上硅胶隐形文胸前，应先将胸部清洁干净，并用毛巾抹干，切勿残留水渍。硅胶在干燥状态下更容易黏贴于皮肤上，不易在穿着过程中脱落。

擦干乳房后不要涂抹任何护肤品，例如身体乳、爽身粉等，这些东西都会影响硅胶文胸的黏性。

第二步，分清左右杯。

穿着硅胶隐形文胸时，先要分清左右杯。通常弧度大的为下缘，弧度小的为上缘；有黏性的是内层，没有的是外层。

第三步，找准佩戴位置，一次戴一边。

留意罩杯的下缘位置。

穿戴时把罩杯向外翻，将罩杯置于合适的角度，从下缘（离胸下 1cm）处开始粘贴。

C 罩杯以上的女性可将下缘适当上调 1~2cm，以防文胸脱落。

建议新手照着镜子找准位置。如果因贴不准位置而反复撕拉隐形文胸的话，会致其黏性下降，缩短使用寿命。

找准位置后，轻轻用指尖将罩杯的边缘平顺于胸部之上，然后紧按 10 秒固定，一边戴好后，再重复同样的动作戴另一边。

为了让胸部线条看起来更圆满，应将罩杯置于略高一点的位置，这样可以更好地衬托出胸部曲线。

如果担心罩杯脱落，也可以选择带有隐形肩带的款式。

第四步，扣上连接扣。

调整两边的罩杯位置，保持胸型对称，然后将隐形文胸的连接扣扣上。

15. 如何清洗隐形文胸？

首先准备好 30~35℃ 的温水，这个温度的水既能去除文胸上的污垢，又能保证文胸的形状和黏性不受影响。

先从一边的罩杯开始清洗：用手托住一只罩杯放入温水中，使其沾水变湿，用另一只手的指腹以画圆圈的方式轻揉罩杯的正反面。可以单纯用清水洗，也可以使用中性的肥皂或沐浴露进行清洗，只要保证硅胶文胸上没有污垢和清洁剂残留物即可。清洗时，注意别用指甲摩擦胶合面，小心划伤胶质层，影响黏性；也不要用毛巾清洗，否则会损坏黏胶表面，降低黏附性。

应将隐形文胸与其他衣服分开洗涤，避免被其他衣物上的污垢损坏。

隐形文胸不宜机洗。机洗会使产品磨损变形，缩短使用寿命。

16. 文胸穿多久后应该被扔掉？

这个问题的答案因人而异。

同一件文胸，每天穿与每周只穿一两次，寿命自然大不一样。手洗和机洗的方式也会对文胸的寿命有直接影响。

通常情况下，一旦文胸出现橡筋弹力变弱、肩带失去弹力、破损等情况，就是应该更换的时候了。

第二屉　内裤

以一年 / 半年为限，提供内衣橱中内裤抽屉的规划——

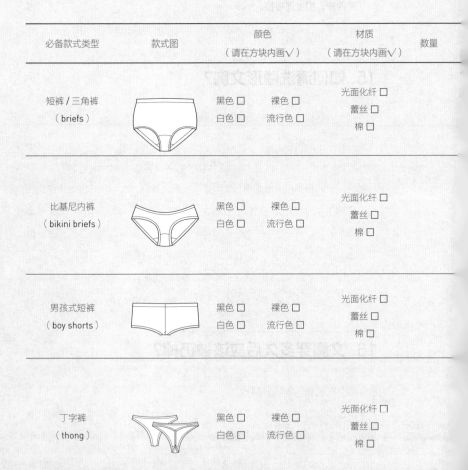

必备款式类型	款式图	颜色 （请在方块内画√）		材质 （请在方块内画√）	数量
短裤 / 三角裤 （briefs）		黑色 □　裸色 □ 白色 □　流行色 □		光面化纤 □ 蕾丝 □ 棉 □	
比基尼内裤 （bikini briefs）		黑色 □　裸色 □ 白色 □　流行色 □		光面化纤 □ 蕾丝 □ 棉 □	
男孩式短裤 （boy shorts）		黑色 □　裸色 □ 白色 □　流行色 □		光面化纤 □ 蕾丝 □ 棉 □	
丁字裤 （thong）		黑色 □　裸色 □ 白色 □　流行色 □		光面化纤 □ 蕾丝 □ 棉 □	

半年期作者建议数量配比

关于材质

【1】以棉为主的内裤起码应该占据内裤抽屉一半的比例。

女性最隐秘的部位相当敏感，除了有人本身是过敏体质外，也会有病菌侵入的危险，而低级的化纤材料常常是病菌滋生的温床，所以棉质内裤应是我们的首选。

【2】如果实在喜欢某款化纤材质的内裤，要保证它的底裆内衬一定是 100% 的纯棉材质。别小看这么一块不起眼的布料，如果材质不当，很可能会引发感染、过敏等直接影响女性健康的问题。

【3】棉质内裤中，并非 100% 的纯棉质地最好，而应含有 2%~5% 的弹力纤维。因为纯棉的回弹能力较差，只有在加入一定弹力纤维后内裤才更贴合人体的日常行动幅度。

【4】蕾丝（有弹力或无弹力）和刺绣蕾丝是内裤设计中经常使用的元素，这类面料属于非光面化纤。

【5】其他常见化纤面料如尼龙、黏胶纤维等，则属于光面化纤。

关于颜色

【1】裸色、黑色、米白色为内裤的三种基本色，通常可再搭配一种时尚色，即当季流行色。时尚色是根据当季成衣流行的颜色决定的，通常比外衣的流行色稍浅，目的是搭配外衣。

【2】裸色内裤在内衣橱中的占比应最大，因为它可以搭配所有颜色的下装。

【3】人的肌肤颜色会有很大差异，比如亚洲人虽都是黄皮肤，肤色也有深浅之分。所以市场上的裸色会有很多色差，每个人在选购裸色内裤时应该选择最接近自己肌肤的颜色，而不是一味选择偏白的裸色。

【4】白色棉麻质地的外裤下一定要搭配裸色内裤。很多女性以为白裤下应该穿白色内裤，这是绝对错误的，反而会使内裤的痕迹和反光更明显。

Q&A

1. 如何看懂内裤标签上的成分表?

如果仔细查看成分标签,你会发现市场上的内裤很少有 100% 纯棉的。纯棉内裤虽然体感舒适,但回弹能力并不完美,穿了几次就会松懈。所以,棉质内裤通常会混入一定比例的弹性纤维,比如氨纶。弹性纤维的占比越高,内裤的弹性就越强,可以适应身体不同的活动幅度。有些内裤刚穿时很舒服,但布料很快就会挤入股沟,不能安全地包裹住臀部,这就是弹性不够所致的。

2. 一个人应该同时拥有几条内裤?

有些专家的建议是 14 条,我个人建议可以更多。一是出于卫生考虑,内裤的更换频率应该比文胸高;二是内裤价格通常较低,购买没有太大压力。

依照我的习惯,如果储备 6 条内裤,其中应该有 3 条是棉与氨纶混合的;再有一两条是有机天然纤维材质的;最后要有一条使用"时尚面料"的,比如以蕾丝为主或全蕾丝材质。这样既可以保证日常穿着的需要,也可以应对特殊情境下的浪漫氛围。

内裤也有季节之分,夏季尤其应准备更多轻薄凉爽的款式。

3. 内裤要与文胸成套购买吗?

我认为并不一定要购买这种搭配好的套装,至少小必拘泥于这种搭配。最近的流行设计趋势也在尽量把选择权交给消费者。单独购买文胸,再自行挑选与其搭配的内裤,往往还会制造出预期之外的效果。

4. 生理期需要穿特殊的内裤吗?

女性在生理期时,白天担心经血渗漏弄污裤裙,夜间担心侧漏弄污床单。这个时候,一条舒适的生理内裤能让你的经期过得安心轻松。

生理内裤通常会在底裆和后部直接使用一层防水面料,防止经血渗漏。即使有血污渗出,也不会渗入织物纤维内部,大大降低了清洁内裤的难度。现在市面上生理内裤的透气性都有所改进,即使在闷热的盛夏穿着也没有太大不适感。

5. 如何清洗内裤?

请务必手洗。内裤会直接接触女性最敏感的部位,只有手洗才能有针对性地洗净裆部,机洗则很难完全去除细菌。

使用弱碱性内裤专用洗涤剂。洗涤剂的包装上一般会标注 PH 值,9 ~ 10.5 为最佳,中性洗涤剂不能有效除菌,酸性的则可能损坏内裤面料。不要使用任何有添加香料成分的洗涤剂,否则有可能会破坏女性自身酸碱平衡,引发过敏或炎症。如果没有专用洗剂,最好的办法是**用清水和柔和的洗涤剂清洗**。内裤清洗干净后,一定要**及时烘干或者晾干**。

不同面料的内裤,应采用不同的洗涤方法。比如纯棉内裤要将深浅颜色分开洗涤,不宜使用热水,否则可能会染色。

6. 内裤穿多久后应该被扔掉?

判断内裤是否应被扔掉的依据不是时间,而是内裤的实际状况。

一旦内裤出现了以下任何一种情况,都应该及时丢弃:破损,橡筋断开或弹性布料松懈;裤腰松垮;吸湿效果和透气性变差;裆布发黄再也洗不干净,或者整体褪色等。

第三屈　塑身衣

Q&A

1. 哪些人需要穿塑身衣?

身体某些部位有松弛、下坠以及脂肪分布不均的人；希望在最短时间内对松弛和下坠的身体部位加以调整的人。遇到需要穿晚礼服出席的重要场合时，塑身衣通常也必不可少。

2. 塑身衣真的能让人变瘦吗?

我经常被女性朋友问到这个问题，我的回答是否定的。在我看来，大多数塑身衣的确将身体某些部位的脂肪转移或压迫到了不引人注意的地方，不过其效果只能维持在相对短暂的时间内。脱下调整型内衣后，身体大多会恢复到原来状态。

3. 如何判断塑身衣的强度?

除了标签上的文字说明，还可以从款式名称中找到有关弹力强度的信息。如果一款连身衣叫"firm control briefs"（硬束内裤），就一定是高强度的塑身内裤了。如果名称中有"weightless"（无重量），那就肯定是低强度的。通过手感也可以判断弹力强度。弹力强度越大，布料越厚；而手感轻软的，一定属于低强度。

---

4. 选购塑身衣时需要注意什么?

面料的弹性方向

塑身衣的面料有弹性方向,有的是双面弹,只有左右向的弹性,没有上下向的弹性;有的是四面弹,即上下左右向都有弹性。由于肌肉上下运动幅度较大,如果塑身衣只有左右方向的弹性,穿起来便会感觉伸展身体很不自在,因此最好选择四面弹面料的塑身衣。

颜色

常见的裸色和黑色塑身衣可以满足大部分穿着者对颜色的需求。市场上还有其他浅色塑身衣,但塑身衣的布料成分中通常会有带一定亮光度的氨纶丝,若穿在浅色外衣下会出现反光,所以穿浅色外衣时应尽量选择裸色塑身衣。

尺码

应选择与自己实际身材相符的尺码。如果觉得塑身效果不好,可以选择弹力强度更高一级的款式。

试穿

如果穿上塑身衣后,能一眼看出腹部的脂肪被推到了腰上,这件塑身衣就是不合适的。最好的效果是全身线条平滑流畅,没有难看突兀的起伏。

连体塑身衣的开裆

连体塑身衣一定要选择有开裆设计的,方便起居。以前开裆处多使用双排钩眼扣,但这种扣子容易造成敏感部位不适。有些款式的塑身衣找不到替代方式,只能继续使用钩眼扣,这就需要我们在购买试穿时特别留意查看它的做工。

裆部棉衬

无论是塑身裤还是连体塑身衣,裆部通常会有一层衬里。尽量选择有棉质衬里的款式。

第四屉　睡衣和家居服

以一年 / 半年为限，提供内衣橱中睡衣和家居服抽屉的规划——

必备款式类型	款式图	材质 （请在方块内画√）
分身睡衣 （pajamas）		针织棉 □ 梭织棉 □ 真丝 □
斜裁式衬裙 （bias-cut slip）		针织棉 □ 梭织棉 □ 真丝 □
睡裙 （night gown）		针织棉 □ 梭织棉 □ 真丝 □

必备款式类型	款式图	材质 （请在方块内画∨）
娃娃裙套装 （babydoll+panty）		针织棉 □ 梭织棉 □ 真丝 □
睡袍 （robe）		针织棉 □ 梭织棉 □ 真丝 □
帽衫 （hoodie）		针织棉 □ 梭织棉 □
汗裤 （sweatpants）		针织棉 □ 梭织棉 □

必备款式类型	款式图	材质 （请在方块内画√）
长 / 短 T 恤衫 （T-shirt）		针织棉 □ 梭织棉 □
长 / 短套头衫 （crew / sweatshirt）		针织棉 □ 梭织棉 □
罩袍 （robe）		针织棉 □ 梭织棉 □

Q&A

1. 家居服与睡衣有什么不同？

面料

睡衣的面料可以很轻、很薄，甚至很透。虽然有不少睡衣使用的是较厚的弹性面料，但有弹面料不是必需。

家居服不会薄透，反而会相对厚一些，但又不像外衣那么厚。为了方便起居，面料一般会带有一定弹性。

颜色

睡衣多为浅色。家居服的颜色可以浅淡、柔美，也可以深一些，如咖啡色、藏蓝色，甚至黑色。

睡衣可以全身铺满图案，通常是可爱的小动物、柔软的花草、简单的线条或几何图形，总之能让人感觉安静和放松。家居服则素色偏多，即便使用印花或绣花图案，也很少设计为铺满全身的，多为局部设计，比如把图案放在后背、前胸等位置。

裁剪

睡衣和家居服的款式有不少重叠，比如背心、短裤、长裤等。从裁剪上说，睡衣通常是直腰身的，甚至是放腰，越宽松越好。家居服则多少会有些腰部设计，带弹性的面料往往也会很自然地显露出身体曲线。

家居服要方便活动起居，因此多为背心及衣裤套装，裙装较少。

2. 如何选择四季睡衣？

材质

室内温度是我们选择睡衣材质的依据。普遍来说，春夏睡衣可选择薄软的棉质或丝质；秋冬睡衣选择克重较大、具有一定保暖性能的材质，比如华夫棉、法兰绒、羊绒等。

颜色

春夏的睡衣普遍更适合选择淡色系，如浅粉、鹅黄、青绿、天蓝等；秋冬的睡衣色系较深，藏蓝、深灰、黑色等都是理想的颜色。

款式

春夏应选择吊带裙、无袖、短袖及短裤类睡衣；秋冬应选择长袖、长裤、长裙等款式。

3. 睡衣应选棉质还是丝质？

睡衣的常见面料主要有棉与丝绸（或仿丝绸）。

我自己更倾向于选择棉质，因为棉布有更好的体温适应性，穿起来冬暖夏凉、四季皆宜，而且躺下时更贴身随体，穿着睡觉时舒服自在。

棉当然也分好坏。品质不佳的棉干涩、粗糙、硬剌，好的棉爽滑、凉、软、沉，手感上丝毫不输丝绸。

丝绸睡衣显然具有更高级的美观性。不过很多"丝绸平价睡衣"，实际上用的是仿真丝材料。真正的丝绸睡衣成本较高，最近几年原材料价格上涨，有的每米已接近 200 元，做一件睡衣单是布料成本就可能高于 300 元，因此 100% 真丝材质大多只用于高端品牌的睡衣。

常见真丝面料有缎（satin）、雪纺（chiffon）和单面丝针织（silk jersey）；常见仿丝绸面料有仿缎（charmeuse）和人造丝（rayon）等。我们在购买的时候，一定要看清面料成分。

4. 如何看懂睡衣标签上的棉质成分？

精梳棉（combed cotton）、埃及棉（Egyptian cotton）、匹马棉（pima cotton）、丝光棉（mercerized cotton），这四种棉被认为是"顶级棉"，价格与真丝十分接近，只有高端内衣品牌才有可能使用。

5. 居家办公时如何选择家居服?

居家办公最大的挑战是,当工作和家庭生活集中于同一个空间时,该如何将它们区分开来,做到在自家客厅中仍能保持工作精力充沛,有动力和效率。

衣服在这时可以起到非常重要的作用。起床或者吃完早饭后,应尽快脱掉皱巴巴的睡衣,换上一套只在白天穿着的衣服。这一行为本身可以帮助你从慵懒的休闲状态中摆脱出来,迅速切换至工作状态。

那么什么样的衣服适合居家办公呢?

通常,如果独自在家工作,穿着舒适的家居服肯定是首选。多数人在居家办公的同时总要兼顾一些家务,比如做饭、打扫卫生等,因此这套舒适的家居服还要便于活动,最好是叠加式。

以下是一些适于居家办公的服装选择:

夏天可穿有领 T 恤(Polo 衫),秋冬可穿高领 T 恤;

舒服宽松的套头毛衣或开襟毛衣;

宽松的针织连衣裙或分身裙装;

针织连体衣;

汗裤、瑜伽服,帽衫。

春潮NOV+

于晓丹作品《内衣课》 随书附赠手册 中信出版集团 春潮工作室 **2022.10**

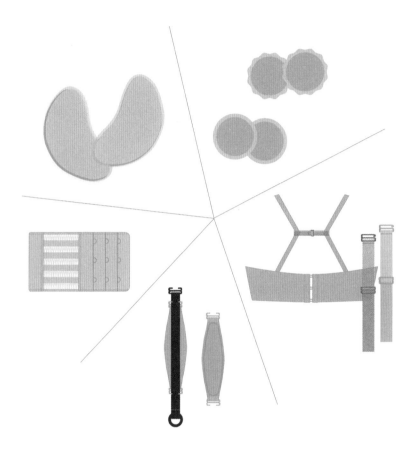

左上顺时针方向：罩杯内垫、乳头贴、肩带固定带、肩带垫、文胸背钩加长扣。

第二讲　内裤

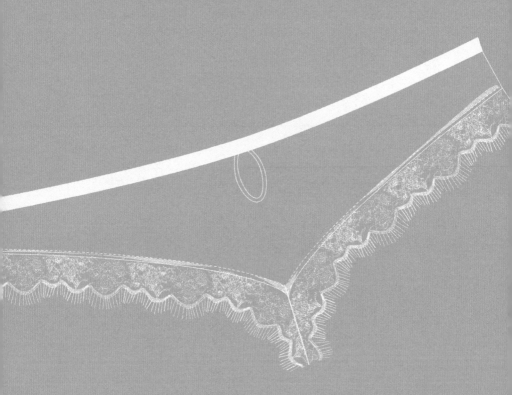

短而不简，一种平权的诉求

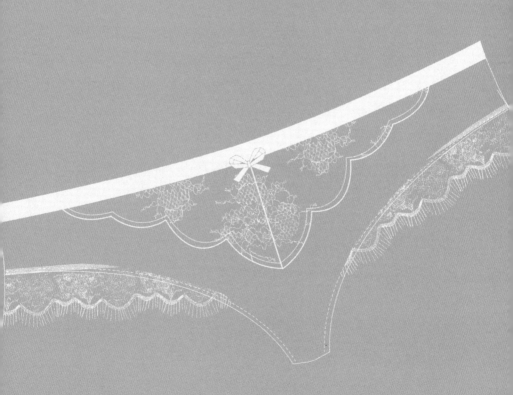

讲到女人的内衣,很多人会马上想到"性感"二字。如果有人问,在所有女性内衣里哪一种最性感,我一定会说内裤。

比起文胸,内裤遮盖的是女性更为隐私的部位。正所谓"欲盖弥彰",一条简单的内裤往往具有令人难以抵御的性诱惑力,也更容易让人浮想联翩。自从 20 世纪 90 年代初法国设计师高缇耶带动了内衣外穿的风气,这股潮流就几乎影响了所有女性内衣品类,唯独内裤除外。除了外穿的确不算雅观外,这也是因为内裤从根本上说,是身体与外界之间的一层屏障,保护女性身体最敏感的部位不被细菌侵犯、最脆弱的器官不被粗糙的外衣伤害——更为重要的是,在道德和公序良俗的层面上,它可以保护女性不被外部世界窥视和强迫。要问女性解放有没有具体的目标,我一直认为"自己脱下内裤"而非"被迫脱下内裤"是颇为生动的表达。

内裤在英国被称为"briefs",直译过来是"短内裤"。这个单词也有"简单"的意思,可内裤之于女性,却实在不简单。它的演变史看似是一段遮羞史,一段被布料革新驱动、去繁就简的服装史,实则镜照了女性身体文化、性文化和社会文化的进步,是女性不断认识发现自己、自我保护的历史。

| 开裆还是不开裆?

1866 年 8 月 11 日,法国的《娱乐日报》上刊登了一则舞会规定:不穿裤子的女人不得抬腿过腰。为什么? 因为在那时,确切地说是在 19 世纪末以前,女人普遍穿裙子,没有在裙子下面穿内裤的习惯。裙子和身体之间只有一层衬裙,抬腿过高有"伤风败俗"之嫌,会引起正经人的不满。

若说 19 世纪末以前的女人没有"内裤"的概念其实并不准确,《圣经》中的夏娃用树叶遮挡私处,可以算作内衣意识的起源。

遮羞布(loincloth)是人类有记载的最早的内衣,据维基百科介绍,遮羞布有过至少两种形式:最简单的是一块长布条,从两腿之间穿过,系在腰间;第二种是一块三角布片,用绳子或者套结固定在两腿之间遮盖私密处。从表面上看,两者起到的作用都是遮羞,不过,对女性而言,它们最根本的作用或许是保护自己。可以说,遮羞布已经为现代内裤的出现打好了根基,只等若干年后稍加改头换面,进入现代女性的内衣橱。

有前后片、底裆、裤脚的内裤出现在距今 300 多年前的 18 世纪,样式像灯笼裤(pantaloons)。虽然跟现代内裤还有不小的差别,但已经具备了现代内裤的功能——保护隐私、保障卫生。这种内裤用白麻缝制,没有弹性,宽松肥大,通常还饰有花边。它还有一个显著特点:开裆,为了方便起居。是的,就像今天小孩子穿的开裆裤。开裆处偶尔也会用蕾丝装饰。

不过,这种开裆的内裤,在 18 世纪没怎么流行起来,原因是那时候女子普遍穿着曳地的蓬松长裙,在大裙摆下穿衬裙,而开

《她们的内裤之一》，C. 埃鲁阿尔绘，20 世纪 20 年代。

内
衣
课

裆的"灯笼内裤"与衬裙没有本质区别，甚至还不如穿衬裙来得方便。

19世纪末，女人开始走出家门，参与社会活动和工作，一些女性终于脱下了沉重的长裙，换上了更方便的及膝裙。不少女性也开始旅行，并参加骑马、滑冰等户外运动，而现代自行车在这一时期发展成熟，骑车尤其成为女性热衷的时髦运动。这时，衬裙就变得碍事了，"灯笼内裤"受到了越来越多女性的青睐，但随之也出现了一个亟待解决的问题：内裤是否还要开裆？

当时的舞女，特别是色情场所的舞女，在跳"康康舞"（俗称大腿舞）时都是穿开裆内裤的。对她们来说，开裆自然可以更好地吸引男性。

开裆内衬裤。

而大多数良家妇女都对这样的内裤款式嗤之以鼻，尽管她们丈夫的想法很有可能截然相反。

　　基于种种原因，有人提议未婚女性的内裤不开裆，已婚女性和舞女的则可以开裆，但这一提议既没得到未婚女性的赞同，也没能让已婚女性满意。

　　争论不休之时，"一战"爆发了，女人们开始穿上香奈儿设计的长裤出门工作。既然长裤不开裆，内裤的裆口也就顺理成章地被缝上了，历史翻开了新的一页。

骑自行车的女子，当然要脱下衬裙，穿上"灯笼内裤"。

内衣课

左：《搭着腿的年轻女子》，埃贡·席勒绘，1911 年。画中可见黑色长筒袜、红色吊袜带、白色内裤。

右：1912—1918 年间，埃贡·席勒因画了很多只穿内衣的年轻女子而入狱。

法国 1925 年的真丝短裙和短裤。

| 棉裆衬的出现，内裤与女性身体密切接触

内裤不开裆以后，最初的样子像平角裤，用针织布制作，稍微优雅一点的用三层透明纱，名为"drawers"。这个词也有"抽屉"的意思，可以想象，它的形状就像抽屉那样四方平整。

很快，随着女子的裙裾越改越短，内裤也越来越短。当穿裤装的女性越来越多时，内裤的裤脚就被橡筋固定在腿上，这样它穿在任何款式的外衣之下都会方便许多。不过还有个恼人的问题出在两腿之间：

或者因为裤脚过长，或者因为开口处有扣子，或者因为裆底布片缝制粗糙，内裤的底部总让女性感觉不适。由于那时候内裤的布料比较透，有人建议在底部垫上一片衬布，这就是裆衬的由来。

裆衬的设计一直延续到了今天，无论内裤是什么材质，式样如何改变，裆衬都是不可或缺的元素，而且大多是棉布的。别小看这一小块布料，它的出现预示着内裤与女性身体有了密切关系，此后将更多承担起保护女性最敏感、最脆弱部位的使命。

| 男式短裤、内裤和卫生棉条

棉麻布的 drawers 在女性内裤发展史上停留了相当长的时间，其形式变化不大，不外乎不断从长截短。不过在这段时间里，有几款男式短裤的发明，对未来女式现代内裤的成型具有不凡意义。

第一款发明出现在 20 世纪初，美国的本杰明·约瑟夫·克拉克（Benjamin Joseph Clark）推出了一款紧身合体的男式短裤"boxers"。"boxer"是"拳击手"的意思，这款短裤因为外形与职业拳击手穿的短裤相似而得名。这是历史上第一条紧身内裤，式样已非常接近现代内裤。到了 20 世纪 30 年代，男式短裤取消了纽扣设计，代之以松紧腰带，这被看作是最早的平角短裤（boxer shorts）。

1935 年，美国库珀内衣公司在芝加哥卖出了世界上第一条前片有 Y 字形缝线的男式三角内裤。这款内裤的裤脚大大缩短，露出的腿根面积达到极限。库珀公司把它命名为"Jockey"（后来公司也改名为"Jockey"），词源来自男士护体带（jockstrap），也就是那个给运动文胸带来了发明灵感的物件儿。之所以这样命名，是因为这

1935年，美国库珀内衣公司卖出了世界上第一条前片有Y字形缝线的男式三角内裤，图为当时的广告（作者仿绘）。

款三角裤的支撑力度之强，只有护体带能够媲美。三角内裤自开售起便受到男性的热烈欢迎，平均每月售出上万条，1938年被进口到英国后，每周可销售三千条。有内衣史学家认为，这款三角内裤的出现与文胸的问世同样重要，它确实开创了崭新的现代内裤概念——包裹和保护最私密的部位，同时给予臀部一定支撑，让身体拥有最大限度的自由。10年后，女性终于有机会穿上了类似的三角内裤，而这一概念一旦被广泛认可，女性内裤就立刻呈现出了丰富多元的形态，更多、更大胆的款式被源源不断地发明出来，满足女性丰富的生活场景需要。这与几十年之后，男性内裤仍然只有平脚裤和三角裤两种形式形成了鲜明对比。

这一时期还有一个可以被载入内裤发展史的事件：1935年，卫生棉条的广告第一次出现在了《嘉人》杂志上。这件小小的卫生用品改变了女性的生活习惯，对女性内衣的发展起到了不可小觑的作用，至少给予了女性内裤变得更短、更简便的可能。

内衣出现的标志性变化，既与外衣廓形的变化有关，又深受流行文化和社会风气的影响。内裤更是如此。对于内裤的发展，还有一个起决定性作用的因素，那就是布料的革新。面料、成衣和社会文化的发展共同塑造了内裤发展史，三者缺一不可。

| 40 年代，贴肤时代

20 世纪 40 年代，随着法国女性获得选举权，战后女性对自己的身体重燃自信，女性内衣也走入了全面贴肤的时代。贴肤，是对女性身体，特别是对女性社会形象的认可。

法国设计师雅克·海姆（Jacques Heim）和路易·雷亚尔（Louis Réard）分别在 1946 年的 5 月和 7 月推出了自己设计的"世界上最小的泳衣"。路易的作品仅用了三块含有尼龙纤维的布料和四条带子，因为当时美国刚刚在比基尼岛上做了第一次公开的原子弹试验，路易将这款泳衣大胆地命名为"比基尼"。它引发的轰动也确实不亚于原子弹爆炸，因为过于暴露，没有一位模特敢穿，路易只好从巴黎赌场找了一位裸体舞者代穿，不过这丝毫没有妨碍它在未来掀起滔天巨浪。

1947 年，法国设计大师迪奥推出了女性"新形象"，一扫战争时期女性直筒式中性着装风格的沉闷，借卡罗尔裙装塑造出"圆肩、盈满的乳房、盈盈一握的腰肢"，突出女性的优美轮廓。而内衣界对这种理念的回应，是用新出现的弹性纤维"尼龙"制作的女

法国设计师让·帕图的设计图·与裙装搭配的尼龙束腹衣（作者仿绘）。

性束腰紧身胸衣和紧身内裤。

　　尼龙出现在 1938 年。美国杜邦公司的一位化学师偶然发现二元醇和二元羧酸通过缩聚反应制取的高聚酯，在高温熔化后能拉出一种坚硬、耐磨、纤细且灵活的细丝，而这种聚酯就是尼龙。尼龙是世界上第一种合成纤维，又叫锦纶，拉伸力比羊毛、丝绸、人造丝或棉都要好。用它织成的面料，柔韧性和回弹性都很好，一经问世，就引发了纺织业地震式的革新，当然也受到了内衣设计者们的关注。

　　最早将尼龙面料投入制作的内衣品类是丝袜，尼龙制作的丝袜紧贴皮肤，轻透得好像不存在一样，还要比普通丝袜耐穿。1939 年 10

内衣课

月 24 日，第一批尼龙丝袜上市销售，女人们赞美丝袜的材质"像蛛丝一样细，像钢丝一样强，像绢丝一样美"，一天之内就卖出了七万多双。

尼龙除了被用来制作无缝裤袜外，也被用于束腹衣和多种内裤的制作。穿在卡罗尔裙装下的尼龙内衣，顺滑、紧绷、包裹舒服，使女性彻底摆脱了白麻内裤的臃肿累赘，给予腰臀部位最大限度的活动空间。

至此，作为女性内衣材料被广泛使用了几百年的白麻基本被尼龙面料挤出了市场。在所有内衣品类里，尼龙对女式内裤和紧身衣的影响最大，成为展现女性身体自信的最佳媒介。

| 50 到 80 年代，第二肌肤时代

20 世纪 50 至 60 年代，大多数西方女性都走入了职场。有氧韵律运动和健身很快成为陪伴她们的新时尚。女性主宰自己身体的愿望前所未有地强烈，她们希望拥有柔软的四肢、纤细的身形。

恰在这时，出现了一种叫作"莱卡"的纤维，简直是对这种诉求的完美回应。

莱卡本来只是一种氨纶纤维的注册商标，于 1958 年由杜邦公司注册，由于公司在氨纶市场的垄断地位，莱卡成了这种面料的代名词。莱卡纤维的弹性比尼龙更好，与其他天然或人造纤维混纺后，弹力伸长度可达普通面料的七倍，而且回弹状态完美，具有极好的伸缩性和舒适度。这些品质让莱卡内衣具备了成为女性"第二层肌肤"的潜质，莱卡也成了制作运动内衣的理想面料。

杜邦公司称："人体做简单的屈肘或屈腿动作时，（关节处的）皮肤（至少）需要有 50% 的弹性。不含莱卡的传统面料自身弹开度不到 5%，这会让人体感觉不舒服，也会让衣服很快变形。"

莱卡能很好地解决这些问题，于是各种品类的内衣——从文胸到长筒袜，当然也包括内裤，都很快采用了这种材料。从前的内裤因为布料缺乏足够的弹力，需要配有方便开合的零件，比如纽扣、按扣或尼龙拉锁，而这些东西常会引发皮肤过敏，于是很多女性选择不穿内裤，卫生专家对此也有不少抱怨。自从有了莱卡，这些配件就统统不需要出现在内裤上了。

20 世纪 60 年代迷你裙流行，女性内衣需要更简便才能与其相配，于是无缝连体丝袜和更短的内裤被发明了出来。到 60 年代末，袜带束腹衣这种累赘的内衣款式就此退出历史舞台，女人们有了更舒服、更性感的选择，包括从比基尼泳衣脱胎而来、于 20 世纪 70 年代大受欢迎的比基尼内裤。

20 世纪 70 年代，女性争取到了更多的权利，包括某些地区的女性可以选择人工流产。卫生棉条换代、卫生巾彻底取代卫生带，也让女性有了实现平权的更多可能。女性解放从来不是空谈，每一次女性社会地位的提升，都会成为身体解放的前因后果。中性风在 70 年代再次流行，内裤也走上了极简路线，出现了连臀部都只能包住一半的卡臀裤（cheekies）。

20 世纪 80 年代，内裤广告不再只强调舒适性和耐穿性，而是把性诱惑力作为主要卖点。莱卡在这 10 年间全面占领了内衣市场，内裤越发薄透，进入了由蕾丝、网眼等材质主导的色彩斑斓的时代。1982 年，Jockey 公司终于推出了第一款女式三角内裤，当年即为公司贡献了 80% 的销售额。朋克风带动了低腰牛仔裤的风靡，各种低腰内裤也因此迅速成为每个女性衣橱里的必备单品。有的低腰内裤裤腰甚至刚过胯骨，如果没有莱卡纤维的高弹力，传统面料完全无法实现这种设计。从前只有色情舞女穿着的内裤款式，80 年代突然在南美，特别是巴西大受欢迎：前片是窄窄的一条或一块三角布，后片则是一条更窄的布，前后布片连接在松紧腰带上，穿上身后，后片就会消失在两臀之间，适合穿在低腰牛仔裤下，完全看不出痕迹。到了 20 世纪 90 年代，这种内裤进入了大多数西方国家，一直到今天仍是销量最高的内衣款式之一，并发展出了 T 带裤、V 字形细带内裤、超细丁字裤等更多花样。

| 90 年代，第一肌肤时代，彻底消失的"内裤痕"

经过 20 世纪 80 年代花边堆积、以钢圈文胸为代表的夸张推高时代，进入 90 年代后，由精品店开始，内衣领域着迷于一种极简主义。这一时期出现的流行时尚关键词，有"舒服""看不见""素净""基础款"等，不再推崇繁复、鲜明，甚至特别女性化的款式。内衣的目的也变为"在外衣下完美地包裹住身体"，让女性几乎感觉不到它的存在。

要说这种基础极简风格的代表，就不得不提到卡尔文·克莱恩的棉内衣。这些内衣带有一点运动风，功能性良好，舒适卫生，很快占领了年轻人的市场。1992 年，卡尔文·克莱恩聘请凯特·摩丝为品牌代言人，她平直的身体、颓废瘦弱的病态美，与克劳迪娅·希弗为代表的上一代"古典美"模特完全不同，刚好诠释了这一波极简风潮与 20 世纪 70 年代极简风潮的差异：70 年代的女性借由内衣改革，要求解除禁忌、解放身体；而 90 年代末至新世纪初的极简运动中，内衣本身退居幕后，借用新型的纤维、隐约透明的材质，暗示女性魅力，释放女性的神秘力量。

消灭"内裤痕"，成为这一时期女性内裤的设计诉求。

内裤痕（visible panty line）指的是外衣下显出的内裤轮廓痕迹。

由于运动风盛行，紧身裙裤、紧身运动裤成为很多女性衣橱里的时髦单品，然而穿这样紧身的衣物时，很容易勒压出内裤的痕迹。

暴露内裤痕是不是就像暴露隐私一样，应该被视为一种不雅行为？出于基本的社交礼仪，女性是否应该尽可能消灭内裤痕？这样的讨论似乎还没来得及深入便有了结果，女人们从自身审美的角度达成了一致：穿着紧身长裙或长裤时，不显露内裤痕显然能够让整体线条

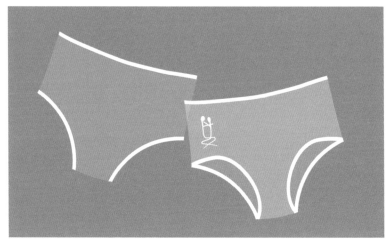

内裤变得极其薄透，完美地诠释了什么叫"仿若无物"。

更为流畅。而从女性主义的角度看，消灭内裤痕也许还有着更为深刻的意义：我不希望我的私密部位被注意到，也不希望我的女性身份被特别标注出来。这可以被理解为一种平权的诉求。

帮助女性实现这一诉求的，是一种叫作"微纤维"的新面料。

微纤维是由无数根涤纶和锦纶丝有机复合生成的。用微纤维纺成的线，比丝线还精细；通过调整内在结构，提升弹性、增加光亮度后，内衣面料变得更轻软，让极简风得以实现"了无痕迹"。如果莱卡实现了内衣的"第二肌肤性"，那毫无疑问，如空气般轻柔的微纤维让内衣迈入了"第一肌肤"时代。

如今，更为时髦的内裤是在此基础上，使用随心裁面料制作的"无痕内裤"。随心裁面料采用特殊结构织法，无论怎样裁剪都能保持平整，不会出现卷边或脱毛现象。这种面料不但能让内裤实现真正的"无痕"，而且几乎连边际都能被消抹——内裤的边际无须再用橡筋或松紧带勒束，它仿佛成了女性身体的一部分。

女性内裤最早是作为保护身体的屏障而出现的，是敏感、内敛、羞涩、自珍、卫生的代名词，但它过去100多年间的发展史，从某种意义上说，却像是"打破屏障"的历史。女性从被动保护自己的身体，到将之当作平权象征，内裤款式的变化象征着平权理念一次又一次的进步。

内裤的结构名称

① 裤腰（waistband）

② 前片（front piece）

③ 后片（back piece）

④ 脚口（leg opening）

⑤ 裤脚内缝（inseam）

⑥ 底档（crutch lining）

⑦ 侧缝（side seam）

⑧ 前浪（front rise）

⑨ 后浪（back rise）

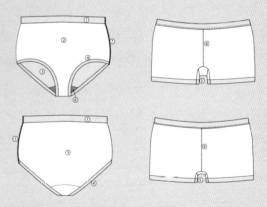

内裤的常见款式

市面上的内裤花样繁多，让人眼花缭乱，但大体都可以被归入以下四种基本款式。

短裤 / 三角裤（briefs）

这是最受欢迎的内裤款式，能很好地包裹臀部和大腿根部，更常被称为"三角裤"。裤腰和脚口通常使用橡筋带；有底裆衬布，使用吸水性好的棉布制作；大部分完全没有裤脚，或只有极短的裤脚。

三角裤的脚口位置可以有多种设计，紧紧卡在大腿根部的叫作全包式，更常见的设计是脚口稍稍提高，可以避免运动时勒伤大腿。

三角裤通常有侧缝，侧缝越高越能增加横向拉力，避免活动时内裤位移。侧缝长度与脚口开度成反比，脚口高开时，侧高较短；脚口低开时，侧高较长。大腿较粗的女性应选择高开款，反之则可以选择低开款。

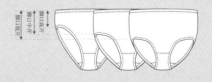

三角裤的脚口开度与侧缝长度对比：脚口高开时，侧高较短；脚口低开时，侧高较长。

三角裤的腰高一般通过测量前片正中的长度获得，即测量"前中"[1]。常见的腰高有三种：低腰、中腰和高腰。一般平铺时前中长度小于22cm是低腰，即裤腰低于实际腰线；前中长度在22~25cm之间是中腰，裤腰与实际腰线等高；前中长度大于25cm为高腰，裤腰高于实际腰线。

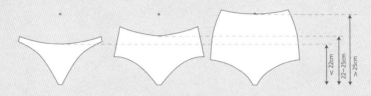

三角裤的腰高对比。

经典短裤（classic briefs）

经常被戏称为"祖母内裤"，裤腰高，脚口低，常与大腿根齐平。年龄大的人往往更喜欢这种款式，因为它可以给腹部和臀部更好的保护。

束压短裤（control briefs）

裤腰通常高于实际腰线，常使用含有氨纶的弹性面料。有些束压短裤会在腹部使用更为硬挺的面料，目的是增加压力让腹部更为平坦。

---

① 前中长度通常有两种测量方法：底裆与前片有接缝时，测量接缝到裤腰上端的长度；底裆与前片没有接缝时，平铺测量整个前片的长度。

内衣课

比基尼内裤（bikini briefs）

比基尼本是泳装，20世纪60年代开始成为内裤款式。它也常常被认为是三角裤的一种。比基尼内裤的裤腰通常比实际腰线低，在肚脐之下，落在臀位上。出现超低腰牛仔裤后，超低腰的比基尼内裤也因此诞生。

与三角裤相比，比基尼内裤的侧缝更短，脚口更大。一些脚口很大的款式前后片不再由接缝拼合，而是两侧变为细带，称为细带比基尼内裤。

左：高腰比基尼。
中：低腰比基尼。
右：带式比基尼。

男孩式短裤（boy shorts）

顾名思义，这是模仿拳击手男孩短裤式样的女式内裤，但外形比前者有魅力得多。有些款式会特意借用男式内裤的元素，如前开气效果和撞色装饰。男孩式短裤通常侧高较长，能包裹住整个臀部，脚口很低，常与大腿根齐平，也有标准腰和低腰之分。

这种内裤最受二三十岁的年轻女子喜爱，因为它能够突出年轻女性身体的圆润和丰满，特别适合在运动时穿着，完全不会有走光的危险。

  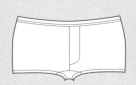

丁字裤（thong）

　　这种内裤的前片大多与普通内裤差别不大，但后片通常只使用少量布料，或完全没有后片，暴露臀部。

　　在此类别之下细分，后片布料稍多的为普通丁字裤（下图左），只有小块三角布料或完全没有布料的，称为"T带裤"或"G带裤"（下图中）。也有人将T带裤称为"V带裤"或"Y带裤"，都是以后片形态而命名的。另有一种丁字裤叫作"thong boy"（下图右），可以翻译为"男孩式丁字裤"，从正面看像男孩式短裤，背面则是T带裤的形态。

　　对于很多人来说，丁字裤穿起来不一定舒服，却一度是女性内衣橱里的必备款式。穿紧身衣服时，丁字裤的痕迹几乎不会显露。不过现在用随心裁面料制作的普通无痕内裤十分轻盈，在功能上已完全可以替代丁字裤了。

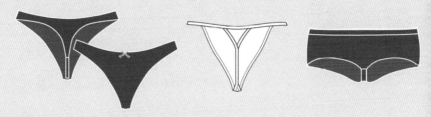

其他常见款式

臀裤（hipster）

　　"hipster"原本是对低腰裤的统称，也叫"low-rise"、"lowcut"，或者"hip-hugger"。渐渐地，它发展成为一种独特的内裤，通常裤腰平直地落在臀部，没有弧度，与臀部曲线非常贴合。

臀裤的侧缝长度通常接近三角裤，比比基尼内裤的侧缝长，因此两侧更贴合。它的脚口开度也与三角裤相似，比比基尼内裤低，因此能给下腹和臀部足够的包裹和覆盖。

臀裤的覆盖度介于比基尼内裤与男孩式短裤之间，前片覆盖度明显高于比基尼内裤。对于喜欢穿紧身短裙或连衣裙又不希望露出内裤痕的女性来说，臀裤是比比基尼内裤更好的选择。

概括起来，如果你喜欢臀部有较少布料覆盖，不想要太多前片覆盖，希望臀部暴露更多一点，那就选择比基尼内裤。如果你喜欢臀部有更多覆盖，希望前片覆盖度更高，那就选择臀裤。

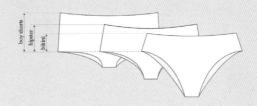

男孩式短裤（左）与臀裤（中）、比基尼内裤（右）的对比。

卡臀裤（cheekies）

卡臀裤的前片通常与低腰三角裤、比基尼内裤及男孩式短裤相似，不同之处在于后片。卡臀裤的后片通常有中缝，这样的设计可以让部分后片挤入两臀之间，从而露出三分之一或一半的臀部，特别能突显臀部的优美曲线。

尽管卡臀裤有突显身材曲线的优点，但如果布料弹力不够，内裤就很容

易挤向后方，造成底裆勒硌等不适感。 所以，它并不是所有人都能接受的
款式。

巴西式内裤（Brazilian back）

正面与普通比基尼内裤或低腰内裤款式相似，背面则会暴露部分臀部。
暴露程度不及丁字裤，却要比普通内裤高。

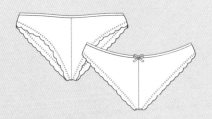

热裤（tap pants）

灵感来自早年踢踏舞女郎所穿的内裤，英文名称也由此而来。通常使用
蕾丝、弹性真丝或绸缎面料，是风格比较甜美、女性化的一款内裤。

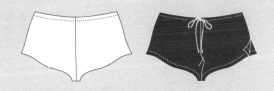

内衣课

法式内裤（French knickers）

通常使用 12~17cm 宽的整片蕾丝面料制作，侧翼的宽度即为蕾丝宽度，没有侧缝，会暴露少许臀部，故又称"cheeky"——"cheek"一词意指脸蛋，也可意会为臀部。

汤加内裤（tanga）

前片呈较宽的 V 字形，后片比 G 带裤宽，穿起来比一般的丁字裤舒服，也有一定装饰性。

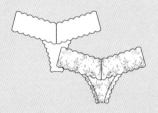

无痕内裤（laser-cut，又称 seamless）

使用特殊的随心裁面料，边缘用激光刀剪裁，使得整条内裤上没有接缝、针脚、包边，真正做到了"无痕"。

第三讲　塑身衣

完美曲线，为谁而塑？

说起塑身衣（shapewear）的源头，肯定要提及束胸衣（corset）。看过电影《乱世佳人》的人，一定都很难忘记女主人公郝思嘉去参加舞会前在女仆的帮忙下穿束胸衣的情景。那是 19 世纪 60 年代的故事，当时胸衣已结束了"冷金属时代"，进入了柔和的"棉布时代"。不过有植物纤维横撑和排钩系绳的"健康"棉布胸衣，全盛期也只持续了一二十年，到了 19 世纪末，随着女性参与运动，特别是"一战"结束后更多的女性走出家门参加社会活动，长款束胸衣就不得不上下分离，变成了胸罩加束腹衣的形式，而束腹衣常常被看作现代塑身衣的源头。

1951年刊登在《时尚芭莎》10月刊上的华纳一体内衣广告（作者仿绘）。

| "矫正"的观念，来自束胸衣的遗产

虽然已成古董，束胸衣还是留下了一份强大的遗产，那就是"矫正"的观念。实际上，尽管"塑身"（shape）一词直到 20 世纪六七十年代才随着运动风的流行而出现，但对于束胸衣和从中脱胎而来的现代塑身衣来说，无论外观材质如何变化，其核心理念一直是"矫形"和"整塑"。女性确实需要某种衣物对身体加以"矫正"吗？还是贴身衣物本就应该承担起美化身体的责任？如果真的如此，那么该如何矫正？如果不是，那又为什么要矫正？现代塑身衣其实一直在寻找答案，只是这个过程并不那么容易。

温哥华有家知名的传统胸衣定制店，店主美乐妮·托金顿说，今天塑身衣界最大的革命是观念上的。过去的妇女穿束胸衣多为被迫，可如今女性穿束胸衣，则是出于积极主动的个人意志。

用这番理论来解释古典束胸衣的再次流行，勉强说得通，可用它来解释现代塑身衣的火爆，有些女权主义者可能不会百分之百认同。对我来说，最为重要的是我的感受，而非我带给别人的感受。那么我穿上塑身衣的感受是什么？我想，至少应该包含两个词：舒适和尊严。

"矫正"的终极受益方是女性，也只能是女性。这应该是现代塑身衣能够流行至今的秘密。

| 袜带束腹衣，现代塑身衣的登场

袜带束腹衣，可以说是现代塑身衣最早出现的形式。

这要追溯到 20 世纪--二十年代，战争期间，女性的蓬蓬裙普遍

20 世纪 20 年代，受第一次世界大战等因素影响，对内衣实用性和舒适度的需求与日
俱增，古典束胸衣被袜带束腹衣取代。图为 1928 年在内衬裙外面穿着袜带束腹衣的
三位英国女性。

变短，至膝盖以上，首次裸露在外的小腿经常成为街谈巷议甚至大众嘲笑的对象。于是，巴黎的一家袜子公司在 1925 年推出了用羊毛、棉和真丝制作的长筒袜，长度介于大腿根和膝盖之间。那时候，硅胶、塑料、尼龙、氨纶这类现代面料还没有出现，没有弹性的长袜很容易从大腿上滑落，设计师们便在已经从长胸衣中分离出来的束腹衣下摆处加上了四根带子，带子下端坠上扣袢，可以用来系住袜口。

这种带有扣袢的束腹衣被叫作"girdle"。

这个词现在普遍被译为"吊袜带"，但实际上，当时的 girdle 不是我们今天看到的简单形式，而是束腹衣与吊袜扣袢的组合。也就是说，吊住长袜是束腹衣功能的一部分，因此"girdle"一词恰当的翻译应该是"袜带束腹衣"。

当时的袜带束腹衣很长，从胸下开始一直严实地包裹到臀部以下，而长袜的袜口在大腿根以下，因此穿袜带束腹衣的女性便常常会似有若无地暴露出大腿处的一小段肌肤。回看那一时期的照片，我们常常会禁不住感叹，现代塑身衣在发明之初或许也曾有过一段能引发男性幻想的性感时期。

不过，当时的袜带束腹衣由不带弹力的面料制作，穿着后难免显得臃肿，直到 1931 年，美国市场上出现了一种叫作乳胶（latex）的面料。乳胶的核心是一根橡胶，外部裹上羊毛丝、人造丝、真丝或棉丝，虽然还不是弹力纤维，但纺出的布已可以同时拥有横向和纵向的弹力及撑开度。美国华纳内衣公司（就是那家生产"健康胸衣"的公司）最早用这种布制作的袜带束腹衣，被命名为"LeGant"。"Gant"在法文中是"手套"的意思，意指这款束腹衣能像手套一样完美贴合身体。

很快，LeGant 束腹衣 ① 就被年轻女性接受了，她们原本就不太喜欢古老的鱼骨束胸衣，又是狂爱运动的一代。那时的广告里，女模特们喜欢摆出各种运动的姿态，似乎即使穿着高跟鞋、长筒袜，只要有这款像手套一样贴合身体的袜带束腹衣，就可以毫不费力地弯腰、扭转、摸脚尖。运动成了 LeGant 束腹衣的最佳宣传点。

不过，乳胶弹力线制成的内衣显然无法真的实现手套般贴合的效果。乳胶束腹衣尽管有一定的弹开度，可终究是橡胶材质，最让人烦恼的是布料过厚，穿起来不够平整，外衣下还总是会显出束腹衣摆的痕迹。掐腰长裙本来是为了展现身体的流畅线条，这些痕迹却将一气呵成的流畅打断，更显得穿着者腿短。于是一些公司开始在束腹衣上加入三角形布片，让其更合体，而聪明的女人通常会为自己准备三种不同形式的束腹衣：适合运动的、适合逛街的、适合出席正式场合的。这些现代塑身衣最早的款式，大多一直保留到了今天。

品牌商们自然也不会忘记塑身衣最重要的功能——"矫正"。1939 年 2 月 3 日，为了回应 30 年代对"丰乳潮流"的重新追捧，《嘉人》杂志用 6 个版面推介了一系列专门解决"乳房问题"的胸衣，包括"乳房过大"（bust too large）、"乳房过平"（bust too flat）、"乳房过低"（bust too low）等问题。Kestos 公司也发布了不同袜带束腹衣加胸罩组合的广告，宣传其产品可以有针对性地解决身材问题。1926 年，澳大利亚的贝勒内衣公司与悉尼大学医学部合作，根据 23 项不同数据，对 6 000 位澳大利亚女性进行了身体调研，归纳出 5 种女性"体

---

① 这种内衣也会因设计细节或布料材质的不同被叫作腰衣带（waist belts）、胸衣带（corset belts）等。

型指标"，根据体型设计内衣。

至此，作为最早的现代塑身衣，袜带束腹衣奠定了这一内衣品类的基本特性：第一，它是纱线和布料革命的产物；第二，它被设计出来的目的是掩盖或矫正身体缺陷，承担塑造身体形态的功能；第三，它与外衣有着最为明确的关系，可以说就是为外衣形态服务的。其后每一款新出现的现代塑身衣，都体现了这三种特性。

| 连体塑身衣，女神的最佳伴侣

比袜带束腹衣稍晚出现的，是连体塑身衣。20 世纪 30 年代，当一些公司为了让束腹衣更合身而设计三角布片时，有些更激进的公司干脆把束腹衣和短胸衣重新结合，变成一体式，将三角布片从大腿根部一直嵌到罩杯以下，彻底解决了塑身衣腰部起皱的问题。

"二战"以后，成衣时尚追求"女神范儿"，贴身的曳地长裙，尤其是真丝制作的直身和斜裁长裙，因其雍容华贵的风格而广泛流行。为适应这一流行趋势，1952 年，美国华纳内衣公司从拉娜·特纳在电影《风流寡妇》里所穿的一款胸衣中得到灵感，推出了第一款"风流寡妇"连体塑身衣。这款塑身衣仍然配有吊袜扣袢，有的还配上了活动肩带。它美得不可方物，宣传文案为"女士在'风流寡妇'之中消失了一点"，暗示这款连体塑身衣可以让女性变瘦变娇小，"塑形"的功能不言而喻。任何女性看到海报上模特被托起的胸、掐细的腰，都很难不瞬间心动。

这款塑身衣只有黑白两色，但已足够完美，很难想象还有哪一种颜色能更好地彰显出它简洁的线条和冷艳的气质，"风流寡妇"也从此

1952 年美国华纳内衣公司从拉娜·特纳在电影《风流寡妇》里所
穿的一款胸衣中得到灵感，推出了第一款"风流寡妇"连体塑身
衣，有黑白两色。

奠定了未来塑身衣简单的颜色基调。

连体塑身衣自诞生之日起便颇受欢迎。尼龙和莱卡纤维出现后，没有弹力的长筒丝袜变成了有弹力的连裤袜，20世纪70年代广泛流行后，吊袜带就不再被需要，袜带扣襻也因此被从内衣上拿掉了。连体塑身衣随后增加了底裆设计，变为能遮盖整个躯干和三角区部位的内衣，名称也变为了更能体现"连体"特点的"bodysuit"，后又改叫"body shaper"，更直白地表达了其塑形功能。

为方便女性起居，连体塑身衣大多在底裆处设有开口，通过按扣、钩扣或者后来的尼龙扣襻进行开合。不过，开口虽然方便起居，体感却并不舒适，一直为女性所恼。为了解决这个问题，一些连体塑身衣又回归了内裤最初始的设计——开裆，可惜效果终究不算理想。尽管有这样的缺陷，连体塑身衣仍然一直被归入基础内衣的范畴，目前仍是塑身衣里的长销款式，究其原因，大概还是它具备塑造身体流畅曲线的能力。尤其是有了氨纶纤维的助力后，连体塑身衣可以做到贴紧躯干，在特别需要塑形的部位，比如腹部、腰部，还可以嵌入更高弹力度的布片，帮助女性压平腹部、绷细腰部，塑造出尽可能完美的身体曲线，穿上又薄又软的真丝长裙时更是不可缺少。因此，无论变化出多少造型，文艺女神们都始终折服于这个"时尚伴侣"的魅力。

| 形式越来越丰富，观念却越来越保守

女性扮演的社会角色越多元，成衣品类就越丰富，塑身衣的款式也越多。这是塑身衣发展的外部动力。

到20世纪末，除了一贯聚焦于女性胸腹部，现代塑身衣也关照

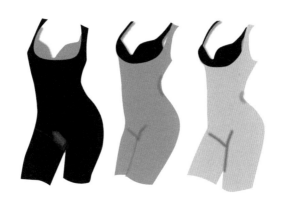

过分强调塑形功能的塑身衣，渐渐失去了女性魅力。

到了女性的其他身体部位，比如腰、大腿、小腿、手臂、躯干等等，塑身衣有了上半身、下半身和整身的分类。而即便是整身的连体塑身衣，也变化出了多种形式，有长袖或短袖，有长到脚踝或短到与大腿根部齐平的裤腿，还有不同形式的肩带或领子。可以说，随着外衣品类不断增多，女性身体的每个部位几乎都有了相对应的塑身产品，没有哪个部位是女人不渴望重塑的。塑身衣既可以让乳沟更深、胸部更高耸，也可以让腰更细、腹部更平坦、臀部更盈翘、大腿更紧实、小腿更纤细。女性对"完美身材"的渴望，是塑身衣发展的内在动力。

如果问我，在所有内衣品类里，哪一种最具现代感？从对材料和工艺的依赖程度上讲，我认为答案一定是塑身衣。

不过遗憾的是，这最具现代感的塑身衣也一度沦为了最保守的女性衣物。

还记得刚刚从长胸衣里分离出来时的袜带束腹衣吗？翻看一下

"一战"后的海报或招贴画，便能发现大量穿着它的女性。

"二战"开始以后，束腹衣被截得更短，很多款式还会在正面两腿之间挖出一个向上的圆弧或三角弧形，暴露出大腿根部更多的皮肤。"穿吊袜带的女人"曾经是各种内衣广告的焦点，也让男性想入非非，招贴画被他们钉在墙上。这些女人还被印在挂历、海报上，出现在妓女应招相册里，甚至被印在美国制造的炮弹和战斗机身上。袜带束腹衣以或复杂或浪漫或挑逗的设计，在承担塑形功能的同时，也用强烈的性暗示制造出十足的趣味。

然而，到了20世纪后半程，我们就很少能在公共媒体上见到穿塑身衣的曼妙女郎了。

究其原因，也许是现代塑身衣更加专注于健康矫正，不再以宣扬女性魅力为追求，因而表现得越来越墨守成规；也许是女性已经找到了更合适的发声渠道，总之，袜带束腹衣所蕴含的女性力量越来越弱，让位于更具话题度的文胸、内裤甚至家居服等内衣品类。在相当长的一段时间里，虽然塑身衣的款式名称花样繁多，却往往大同小异，颜色也一直局限于"风流寡妇"时期的黑白，最多增加裸色，整体观感沉闷无趣。如果说这些都还只是技术上的小问题，那么真正致命的则是观念上的变化：塑身衣强调塑形，而塑形的办法却只有一个——压迫，有时真的会压到让人喘不上气的程度。现代女性真的需要如此痛苦地保持"完美身材"吗？甚至就连"女性为什么需要塑身衣"的话题，也渐渐生出了更深层次讨论的必要。

21 世纪，一场"奥普拉秀"改变了一切。

2000 年，在奥普拉一年一度的节目《最爱产品秀》上，一位名叫萨拉·布雷克里的女子坐在奥普拉身边，讲述了她创立品牌 Spanx 的故事。节目播出之后，这个以 5 000 美元创立的品牌，市值开始一路狂飙，到 2020 年已达 10 亿美元，萨拉本人也成为全球最年轻的亿万女富豪之一。

是什么让 Spanx 异军突起？其实就是观念。

以它产品线里的一款束腹衣为例，这款束腹衣不再一味粗暴地收紧，而是靠面料的优良特质给予腹部压力，让腰身平坦。当然还有让品牌一战成名的连裤袜（leggings）。从前的连裤袜都是从腰部到脚尖，把整个下半身包裹得严严实实，而萨拉拿起剪刀，在连裤袜的脚踝处

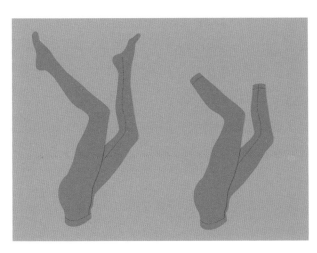

"leggings"原指包脚连裤袜，Spanx 的产品剪掉包脚部分后，这个名词的含义也发生了变化。

轻轻一剪，去掉了包脚部分，立刻让穿着者感觉通体舒畅。很多好莱坞女明星也因为这款产品成为她的拥趸。

给予穿着者舒适的体感，是塑身衣在 21 世纪最具革命性的成就。有人说 Spanx 的塑身衣"可以穿着睡觉"，这在 20 世纪几乎是不可想像的。

随着面料的革新、无痕工艺的出现、运动风的流行，塑身衣的回潮打破了单纯追求功能性的固有壁垒，实现了多种生活场景间的转化。"奥普拉秀"播出后，Spanx 的产品在世界各国一路畅销，有了无数模仿者和追随者。

| 每个女人都需要塑身衣吗？

现在，让我们再次回到这个问题——每个女人都需要塑身衣吗？

即使坚持运动、科学膳食，人类受遗传基因影响，还是会出现不匀称的体型，比如有些地方的女性往往臂膀粗壮，而另一些则是肩窄胯宽的梨形身材等。受地心引力影响，女性身体的各个部位终究会出现松弛、下垂及脂肪分布不均的现象，年纪越大越明显、越难以控制。正视不完美的身体是一种健康的生活态度，不过，在一些需要"完美"的特殊场合，塑身衣可以"上阵救急"。很多红毯上的女明星，都是借助塑身衣达到艳光四射的效果的。在这类场合，穿上塑身衣会让我们更加自信无虞。

除此之外，女性对塑身衣有更多需求，也跟如今的穿衣文化有很大关系：需要着装得体的场合越来越多，上班需着正装，下班偶尔也需要跟同事或合作伙伴喝酒吃饭。如果基础文胸和内裤无法帮助女性收起肚腩，唯一可以快速派上用场的，就是长款束腹衣了。它的确可以立刻让人感到不同：腹部平坦了一些，腰细了一些，臀部提高了一些，大腿和小腿都紧实了一些。

也许有人会问，身材普遍娇小的亚洲女性也需要穿塑身衣吗？

亚洲女性身形偏小，本来的确应该对塑身衣需求不大。欧美市场上的塑身衣，尤其是高强度型，常常没有小号（S）和超小号（XS）的尺码，也从侧面说明了这一点。不过如上文所说，身材瘦小，并不意味着肌肉不会松弛、脂肪不会分布不均，所以，无论胖瘦，我们都可能有需要穿上塑身衣的时候。

塑身衣真能帮助我们变瘦吗？我经常被女性朋友问到这个问题，我的回答是否定的。

一个例证是，塑身衣在近二三十年间迅猛发展，可欧美市场上塑身衣的尺码并没有变小，反而一再加大。要是调整型内衣真的有用，它的尺码不是应该变得越来越小吗？

在我看来，塑身衣的确通过将身体某些部位的脂肪转移或压迫到了不引人注意的地方，从而让身体外观发生了一些"有利"变化，不过其效果只能维持在相对短暂的时间内。脱下调整型内衣后，身体大多会恢复到原来状态。现在塑身衣的材质比以前丰富了很多，早已不再局限于勒束身体、减小尺码的单一功能，而是可以像护肤品、化妆品一样帮助我们长期管理身材，打造健康形体。

塑身衣的常见款式

上半身类

背心（control camisole）

○ 无吊带式（strapless）

通常是高强度塑身背心。女性穿着比较贴身的
无肩带外衣时搭配这款背心，可使躯干显得纤细
瘦长。

○ 吊带式（strap camisole）

多为中强度与低强度塑身背心，高强度的较少。

○ 运动式（tank）

外形类似"跨栏背心"，肩带较宽。

○ T字后背式（racerback）

穿着时会露出后背肩胛骨，适合搭配无袖外衣。

◦ 短袖式（short sleeves）

在中文语境里，短袖式塑身衣不能算作"背心"，然而依照国际上的通用分类，它的确是塑身背心的一种。

这类塑身衣的袖长各有不同，短的有"小探肩式"，长的可及手肘，还有一些冬季穿着的塑身衣袖长过肘，但通常不会长过外衣衣袖。

背心式塑身衣通常会有内藏式软文胸（built-in bra），下图中胸部的横线即是内藏式文胸的位置。对于那些不喜欢钢圈文胸的人来说，穿这些背心是不错的替代选择。

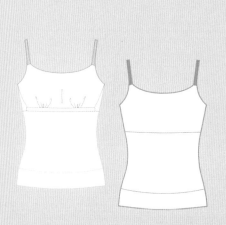

带有内藏式文胸的塑身背心。

束胸衣（corset）

• 有文胸痕迹式（corset bra）

穿着这款胸衣时，通常可以不用再穿文胸。

• 无肩带式（strapless corset）

通常穿在无肩带外衣下，让躯干显得纤瘦平滑。

• 躯干式胸衣（torsette）

可以随意搭配喜欢的文胸穿着，主要功能为收束躯干。

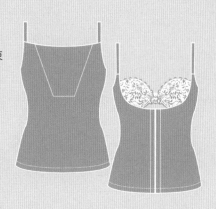

减腰衣（waist nipper）

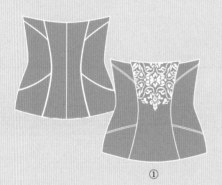

①

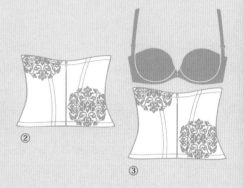

②

③

穿着在胸部以下、臀部以上的一种束腰衣。有时有系带，有时用一排钩眼扣或拉锁开合。通常有"龙骨"，以加强塑身效果。

穿上减腰衣后，腰围的确会缩小。上图中①②为长腰身减腰衣，③为减腰衣与文胸搭配效果图。

特别支撑文胸（bra with special support）

比一般文胸支撑作用更强。通常无肩带或有活动肩
带，有侧翼支撑条。

◦ 深 V 式

◦ 半罩式

◦ 无缝式

束腹型短裤（control briefs）

束腹型短裤通常会使用一块弹性较强的布料压迫腹部，使其更为平坦。

它非常适合穿在直筒短裙、针织服装，或前身不带捏褶的裤装下面。

特殊场合穿着贴身长裙时，如果不想穿长款塑身衣，可以用这种束腹型短裤打底，最好选择高腰式，可以让躯干线条显得更为平滑流畅。

束腹型短裤的腰高和开脚可以有多种形式。腰高有普通、低腰、半高和高腰，开脚有普通、高开脚或平脚。

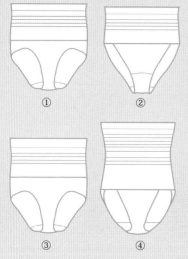

①
②
③
④

左图为中强度束腹型短裤的几个常见款式：

①普通腰高、普通开脚

②普通腰高、高开脚

③半高腰、普通开脚

④高腰、高开脚

右图为低强度束腹型短裤的常见款式：

　　⑤低腰、平脚

　　⑥普通腰高、高开脚

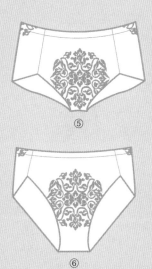

⑤

⑥

束腹型丁字裤（control thong）

正面与束腹型短裤类似，背面则是丁字裤的样式，
露出臀部。

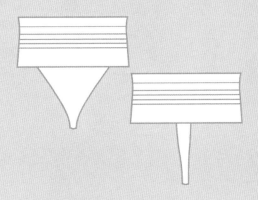

束腹型短腿裤（control shorts）

◦ 骑车裤（bike pants）

骑车裤的裤腿长度通常到大腿中间，可以给腿部肌肉以控制，使用特殊布料或针脚紧实臀部。

◦ 紧致大腿裤（thigh slimmer）

比骑车裤略长，裤腿在膝盖以上。多用低强度面料，主要起顺滑作用。

◦ 高腰紧致大腿裤（hi-waist thigh slimmer）

紧致大腿裤的高腰款。

内衣课

长腿裤（long-leg pants）

裤腿长度通常到小腿或脚踝，既可以束腹也可以收紧大腿肌肉。可以像衬裤一样穿在长裤下。

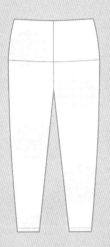

高腰衬裤（pant liners）

腰线较高，穿着时无须另穿束腰衣。

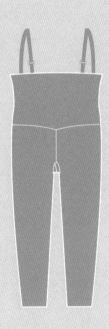

衬裙（slip）

衬裙分半身衬裙和全身衬裙，半身衬裙又有长短两种。

◎ 半身短衬裙

裙摆在膝盖以上。

◎ 半身长衬裙

裙摆过膝。

◎ 二分之一衬裙

又称高腰衬裙（hi-waist slip）。

腰线在胸部以下，裙摆在膝盖以上。不喜欢在文胸外再穿一件塑身衣的人可以选择这款衬裙。

臀垫短裤（hip enhancer panty）

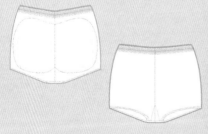

可以制造翘臀效果的短裤。

臀垫以前多用海绵制作，现在则多用硅胶，使之更加符合人体曲线，柔软自然。

臀垫大多可自行抽取放入。

内衣课

全身类

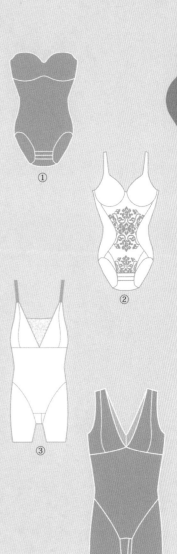

紧身全帮塑身衣（body briefer）

◦ 经典款式

见右图①②，外观与连体游泳衣类似，高开裤脚，中间通常使用一块带氨纶的强力纱网，或者弹性较强的蕾丝。通常有内藏式文胸，也有很强的束腹功能。一般有活动肩带。

◦ 肩带式连裤装（singlet/rompers）

见右图③。

◦ 连体装（onesie）

见右图④，裤腿长度接近骑车裤。

全帮塑身衣会在裆部设有方便的开口，经典款式通常会使用钩眼扣，因此在选购试穿时，一定要留意钩眼扣的位置是否合适，会不会对敏感部位的皮肤造成伤害。肩带式连裤装和连体装使用的是双层布面料，因此不会有钩眼扣伤害皮肤的隐患。

全身长衬裙（full slip）

○绑兜式全身衬裙（bandeau-style full slip）

上身类似绑兜式文胸，通常领口在胸部，长度到膝盖以上。

带有内藏式钢托或模具文胸，可以给胸部少许支撑，穿着时无须另穿文胸。

非常适合在无吊带式裙装下穿着。

○吊带全身衬裙（full slip with straps）

通常使用低强度面料，使全身线条更为平滑。

○躯干式衬裙（torsette slip）

通常使用中到高强度的面料，对整个躯干起到一定的收束作用，也有抬高胸部的功能。

内衣课

塑身衣常用面料

几乎在每一件塑身衣的面料成分标签上，除了尼龙，我们还会看到一种叫"氨纶"（spandex）的东西。它和尼龙一起纺出的布，是目前塑身衣面料中最具弹性的一种，能达到很好的塑体效果。塑身衣的氨纶含量通常在5%到39%不等，氨纶的含量越高，衣服的支撑度、压缩力和控制力就越强。一般的日内衣，面料普遍以棉为主，再混合2%到12%的弹性纤维；而塑身衣则大多以尼龙为主，再混入氨纶，弹力强度可达普通内衣的10~20倍。

不过21世纪以前，塑身衣大多过度使用氨纶，导致衣服过于紧绷和压迫身体，穿脱困难，让不少女性望而生畏。这大概也是塑身衣在过去几十年，尤其是20世纪最后10年间销量停滞不前的主要原因，只有那些非穿不可的人才会买。

今天，以Spanx为代表的塑身衣新品牌最先取得突破的就是面料领域，新产品在强调塑身功能的同时，也比以往更关注面料的舒适度、透气性、是否便于活动，以及时尚度。现在用来制作塑身衣的布料越来越好看了，再也不是古板密实的尼龙，也不局限于单调乏味的黑白肤三色，带有精美镂空、浮花、提花等纹理的材质被研发出来，大多平滑得像丝绸一样，即使不喜欢穿塑身衣的人也可能被这些面料吸引。

从工艺上讲，塑身衣采用筒式织法后，已经基本消除了内衣痕。所谓筒式织法，就是用一种圆机直接将纱线织成筒形，两侧免去封缝，还可以在罩杯、臀峰等部位直接织出凹凸立体的效果，完全不必使用捏褶、颡道、公主线等专门制造立体感的缝纫手法，也基本不会使用辅料零件，比如系带、拉锁、纽扣等。大部分塑身衣面辅料本身的弹性已足够强，无须开气调节松紧。

最近10年，塑身衣进入无痕时代，不会在身体上留下任何勒痕，上身效果也更为平滑流畅。

目前，塑身衣的常用面料有以下几种：

氨纶

一种用聚氨基甲酸酯制作的合成纤维。分量轻，弹性强，结实，耐磨，不吸水和油。如果对乳胶成分过敏，氨纶内衣是最好的选择。在欧洲氨纶也称"elastane"。

尼龙

20 世纪 30 年代科学家杜邦研发的面料。有丝的光泽，拉伸力更强，便于洗涤，干得快。

莱卡

由氨纶弹性纤维制成的面料，完全取代了传统的弹性橡筋线。

Supplex

由杜邦公司研发的一种尼龙面料。虽然是人造面料，但它的手感像棉一样细腻柔软，外观也与棉类似。这种面料很轻，透气性强，易干，结实，特别适合用来制作夏季贴身衣物。

Tactel

杜邦公司生产的一种高品质锦纶纤维，学名为"聚酰胺纤维"。Tactel 比一般的尼龙触感更柔软，透气性更佳，贴身穿着更舒适。用它制成的织物抗皱，有丝绸般的光泽。

塑身衣的弹力强度

与运动内衣的发展理念相同，21 世纪以来，塑身衣也在弹力强度方面大做文章，主要手段是调整面料里的氨纶含量。但不同于运动内衣，塑身衣弹力强度的划分不是以不同的运动项目为依据，而是以女性身体的不同需求为依据。

高强度（firm control）

高强度塑身衣可以略微使腹部变平、腰部变细、臀部变小，帮助你穿上比平时小一到两个尺码的衣服。布料厚重，十分紧实，拉伸困难，穿脱不易。适合身材比较高大的女性。

中强度（moderate control）

中强度塑身衣可以起到紧致肌肉的作用，但不能帮助你穿上比平时尺码小的衣服。布料爽滑，分量适中，拉伸自如。适合身材适中的女性。

低强度（light control）

低强度塑身衣可以使身材显得匀称，但不会重塑体型。布料薄软轻滑，易拉伸。适合身材娇小的女性，也适合大多数女性夏天穿着。

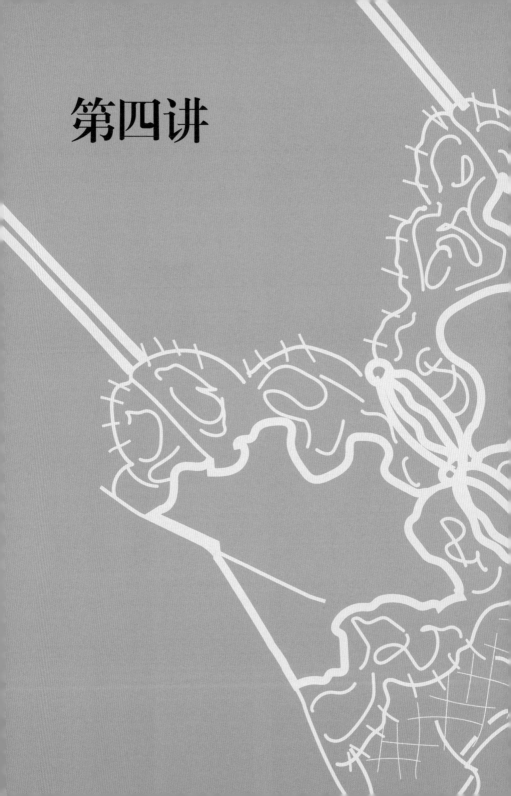

第四讲

睡衣

三分之一
人生的陪伴

我们为什么要穿睡衣？历史上的女性受到卧室里文化习俗的约束，穿睡衣已成一种惯例。到了现代，穿睡衣虽更多是出于保暖和卫生上的考虑，却也是女性自主意识的展现。

　　我们每天奔波在外，工作上学，西装和高跟鞋时刻提醒着我们做好准备，让身体和心灵进入战斗状态。辛苦一天回到家，夜深时，舒服地沐浴后走入卧室，换上有着熟悉气味和手感的睡衣，无须多言，我们就得到了足够的暗示：闭上眼睛，彻底放松休息的时间到了。

　　这个过程多少有些仪式化，却是我们对自己心灵和身体的爱护。睡衣不再是象征两性关系的衣物，穿不穿它、穿什么款式，都完全是我们自己的选择。

| 作为嫁妆的睡衣上只能绣我的名字

据说 18、19 世纪女性在卧室里的形象保守而神秘。妻子不能当着丈夫的面裸露身体，要脱衣服的话，必须躲到浴室里或者屏风后面。夫妻同室而居时，妻子要先换好睡裙，躺在被单下面，关上灯，丈夫才能进来。可以想象，对于那时的女性来说，睡衣何其重要。

陪我出嫁

睡衣也是那时女子嫁妆的重要组成部分。

在西方，19 世纪是嫁妆最为盛行的时期，英语中的"嫁妆"借

作者以『嫁妆』为概念制作的麻质睡衣，取名『嫁妆』。

用了法语词汇"trousseau"，听起来相当悦耳。西式嫁妆一般包括三种"linen"（麻织物）："house linen"（家居品）、"table linen"（桌品），以及"underlinen"——直译为"穿在下面的衣物"，也就是内衣，不过与我们今天所说的内衣有所不同，既包括穿在蓬蓬裙下面的"日内衣"衬裙，也包括"夜内衣"睡衣。有钱的女子会在傍晚和清晨更换内衣，贫穷人家就大多一衣到底了。嫁妆里的另外两种麻织物通常可以由新娘的母亲、姐妹或家里雇用的缝纫工帮忙代制，唯独内衣，必须由待嫁人亲手制成，绣上自己姓名的首字母。

为什么只能由新娘自己动手？史料里没有特别明确的解释，想必还是出于隐私的缘故。对于未出嫁的女性来说，白麻内衣是极为私密的衣物，通常只有未来的丈夫可以见到。它作为嫁妆的一部分，陪伴年轻女子从父母的屋檐下走进一个陌生的世界，无论在心理还是生理上，都像是最后一层保护。与传统中国女性出嫁时讲究"良田千亩，十里红妆"的排场一样，西方女子的嫁妆也以多为贵，似乎嫁妆越多，心里越踏实。很多睡衣甚至一直被锁在卧室的大衣橱里，一辈子也没穿过。

女红是我的"脸书"

中国古代有"一块绣花手帕订终身"的传奇，与之相似，女红也可以被视为过去西方女子特有的"脸书"。在英国女作家 A. S. 拜厄特的寓言小说《冰寒》中，一位冰雪公主准备挑选王子出嫁，给对方递去了几样可以展示自己的物件，第一件就是她亲手制作的一小块织物。由此可见，哪怕是不食人间烟火的公主，女红仍是必要的门面。女红的意义也体现在欧美 19 世纪的文学作品和相关电影里，其中有很多女子聚在阳光或灯光下做女红的画面。《傲慢与偏见》中就有这样一个生动的场景："准女婿"宾利突然来访，班纳特家的女人们慌忙做迎客准备。"玛丽，织带呢？织带呢？"姐姐这么叫着，面对想嫁的男人，一心想装出正在做女红的样子。在那个时代，除了家庭背景，女红技艺是决定女子能否嫁入好人家的关键因素。

那时候的西式嫁妆都是麻织物，因为弹性纤维还没出现，而其他针织物，比如棉或丝绸也还没有在民间广泛流行。准备嫁妆时，要先把麻布高温漂白然后裁剪。麻是一种极难裁剪的布料，经纬线稀松又根根清晰，稍有闪失，就有可能裁歪，有时需要极其小心地抽出横向与纵向的两根丝线，才能裁出精准尺寸，再配上全部手工缝制的绣花、抽纱刺绣、镂空绣、蕾丝等各种装饰元素……很多西方女子从第一次来例假起就开始准备嫁妆了，可就算如此，时间也并不充裕，一箱嫁妆做好，一个女子的青春期也差不多耗尽了。她们把对未来生活的憧憬、对丈夫的渴望和期冀一针一线缝进嫁妆里，这个过程既帮她们打发了不少寂寞的时光，也实实在在地打磨了她们的棱角，赋予了她们持之以恒的耐心——这是她们为人妻、为人母后所需要的品质。而未来的丈夫，则会根据麻织物上装饰的多少和好坏来判断她们的手是否灵巧、心性是否温和坚韧。嫁妆因而承载了男女之间独特的交流。

| 它就是我

几乎任何一部展现 19 世纪女性生活的电影都不会轻易放过让女主人公穿睡衣出场的机会。在翻拍自文学经典的名作《简·爱》《呼啸山庄》《傲慢与偏见》，以及《燃情岁月》《冷山》等原创或改编自现代小说的电影里，都有白麻嫁妆衬裙或睡衣出场。睡衣既能表现女性形象的多面性，与她们白天的矜持内敛形成对比，也可以表现男女之间微妙的关系：女主人公如果穿着睡衣出现在男主人公面前，一定是他们的关系到了紧要关头或转折点。

在 2012 年的电影《安娜·卡列尼娜》里，有一个特别令人回味的场景。安娜在马车里向丈夫卡列宁坦承了自己和沃伦斯基的私情后，跳下马车，奔向树丛深处的情人。她一边跑，一边甩掉与暗夜颜色接近的长裙，来到情人面前时，身上只剩下贴身的胸衣以及领口开到肩膀处的白麻衬裙。白麻衬裙在这一刻替代了无数爱的诉说，露出它，就象征着身体的交付。

白麻内衣当然也是情爱场景中必不可少的元素。

法国电影《妓院里的回忆》几乎每个镜头之中都会出现白麻内衣，比起普通人家的当然更华丽、更奢靡，而那些穿着内衣的女子，则好看得让人完全忽略了画面中的色情意味。

《安娜·卡列尼娜》里也有几个令人特别难忘的性爱场面，其中安娜无一例外地穿着白麻衬裙。虽然与沃伦斯基的恋爱是不道德的，但在那纯洁的白色衬托下，她是那么脆弱而性感。

离开家门准备自杀时，安娜最后一次穿上了白麻衬裙。看到她最终倒在铁轨上，想到她的猩红色长裙下面仍有那件白麻衬裙陪伴，我们悲伤的心情也多少会得到一些安慰吧。

越穿越柔软的棉麻材质，不暴露曲线的宽松，处女式的纯白色和米色，都是那时女性睡衣的典型元素。

| 老祖母的旧睡衣

精心缝制的白麻嫁妆，到 19 世纪末还是被渐渐淘汰了。原因是集市开始时兴，出现了能批量生产的机器，女性需要的任何织品都可以在集市上买到，亲手缝制就变得不那么必要了。

时尚杂志中教授女红技艺的文章，也渐渐被广告、采买建议等取代。再之后，露天集市慢慢变为百货商店，英国的班布里奇是第一家，1849 年开业，三年后，巴黎左岸的波马舍成为世界上第一家专门修建的百货商店。别看波马舍现在是巴黎最高端的百货公司，它名字的本意可是"廉价市场"，所售货品因为是批量生产，故而比手工制作的商品价格低廉很多。百货商店最大的功能是把分门别类的货品集中起来，女人所需的一切都可以立刻买到，比亲手制作来得便宜，手工业自然失去了发展的空间。

用今天的话说，相比 19 世纪，20 世纪 20 年代进入了"快时尚"时代。"一战"以后，女性不再守在家里做小女人，没有了那么多悠闲的时光。传统嫁妆的衰落，实际上就是手工业的衰落。不过，白麻睡衣的风格还是以各种方式被传承了下来。

今天在欧美睡衣市场，如果稍加留意，我们多半还是能发现衣物样式保守的梭织棉布睡衣区。这里的睡衣带着一股老式英格兰乡村的味道，有点像雷诺阿和莫奈画作里的那种白麻内衣，领口端正，有泡泡袖、宽腰身、高腰线，胸下捏满碎褶，通常是白色或牙白色的，偶尔印着碎花，配有大量克伦尼粗梭结花边或梭结蕾丝。

没错，这种睡衣的前身就是 19 世纪嫁妆里的白麻内衬裙和睡衣，与其一脉相承。只不过白麻现在价格较贵，易起皱，洗后又必须熨烫，不再适合如今忙碌的女性穿着，睡衣便改用白棉缝制了。

要想找到这样的梭织棉布睡衣，最好是去欧美城市或小镇上的精品小店，尤其是老街道上的老式街坊内衣小店。这种睡衣当然也会出现在主流市场上，但多半会藏在某个不起眼的角落，被周围花里胡哨、超级性感的睡衣淹没，不免带着几分落寞。不过假如多加留意，你会发现，虽然市场上的睡衣品类变来换去，它却一直风轻云淡地坚守阵地，从没华丽过，从没现代过，从没暴露过，却也从没彻底消失过，一直都是那副"老祖母的旧睡衣"的模样，安稳地等候着忠实的老主顾，也被她们永久地眷恋。

而我自己，就是这些老主顾之一。

后来发现，很多一向以性感著称的好莱坞女星也是这种睡衣的拥趸。

其中最长情的当属安吉丽娜·朱莉。她在人生的几个重要时刻——或者说在几个最为女性化的时刻，都选择了一件老祖母式棉睡衣的陪伴。2006 年，她第一次以母亲的身份抱着婴儿登上杂志《OK!》《Hello!》《W》的封面时，就穿了一袭白棉长睡裙。这条睡裙来自美国专做此类睡衣的品牌"艾琳·韦斯特"（Eileen West）。在伴侣布拉德·皮特的镜头里，朱莉一改以往的叛逆形象，给世人留下了圣洁的印象。两年后，她又生下一对龙凤胎，《人物》与《Hello!》杂志用 1 400 万美元共同买下了新生儿与父母的合照。在这幅昂贵的封面照中，朱莉穿的仍是同一品牌的白棉睡裙。这次的睡裙领口很高，呈扇贝形，布满了白色钩织蕾丝，如果说上一次朱莉的亮相多少还带有些年轻女人的棱角，那么这一次的她连眼角都溢满了为人母的温和与柔美。不久，她又穿着同一品牌的蕾丝装饰开胸白色睡裙，以哺乳的姿

170

内衣课

态登上了《W》的封面。新生儿虽然没有在照片中露面，可那几根抓在她半裸乳房上的细嫩肥圆的小手指，真是让人动容。有媒体评论说，从没见过朱莉这么自然美丽的时刻。

白色、棉布、蕾丝，很多人这才发现，传统女式睡衣竟是如此动人心神。虽然材质从白麻变成了白棉，但它仍像当年一样，守护着女人最幸福也最脆弱的人生时刻。穿久的棉会比麻更柔顺、更熨帖，亲切得就像老祖母温暖的呼吸。我一直羡慕那些享受过祖母宠爱的女子，她们身上天然带有一种老派的绵柔和淳朴，以及从祖母身上浸染的开朗和豁达。总之，穿着这种睡衣的女人，即使处于人生脆弱的时刻，也会像老祖母那样坚毅和宽厚。

| 丝绸与斜裁——华丽的斜裁睡裙

某种时尚传统消失的同时，总会有新的时尚出现，换言之，旧时尚的消亡正是新时尚出现的结果。20世纪20年代白麻嫁妆渐渐式微的原因，除了集市的出现、手工业的衰落以外，最直接的一条就是麻布败给了一种新流行起来的面料——丝绸。

那么美的丝绸，那么美的斜裁

与麻相比，丝绸最大的特点是容易染色。从前用麻制作的内衣只有一种漂白色，丝绸却能被染出桃红、天蓝、杏黄、淡粉等很多明艳的色调，让内衣颜色丰富了很多。

丝绸还有着比白麻好很多的悬垂度，使得革命性的缝纫新技术

安吉丽娜·朱莉所穿的艾琳·韦斯特白棉布长睡裙（作者绘）。

"斜裁"变为可能，更让夜内衣在结构上经历了一次极其重要的转变。我们知道，19 世纪以前的衬裙式内衣，受白麻面料的限制，外形多宽大蓬松。到了战争时期，女性渐渐从家庭走入社会，内衣配合外衣的变化，一度盛行中性风，不再强调胸部和腰部曲线，收腰的蓬松睡裙改为直筒式，腰线落到胯骨，裙摆提高到膝盖上下。

战后浪漫性感的风格强势回潮，睡裙下摆变长，中性的线条再次被收腰的设计取代。斜裁技术就在此时出现，作为对这种审美观念的有力回应。它的发明者是法国时装设计师玛德琳·维奥内特。

我们做衣服时，通常是按照布料的垂直线做裁剪的。所谓斜裁，即英文中的"bias-cut"，是指把布料旋转 45 度，让垂直线落在经纬线交叉的位置上进行裁剪。

从前的女性服装要给身体留出足够的活动空间，使穿着者不受牵绊，于是要用捏褶、抽皱等技巧制造宽松度；而斜裁利用经纬线天然的伸缩性，可以让不具备弹力的面料具有某种弹开度，无须任何颗道

斜裁示意图。双箭头线为斜裁的垂直线，与经纬线交叉点呈 45 度角，与传统的布料垂直线不同。

Madeleine
Vionnet

gown
bias-cut

玛德琳·维奥内特设计的斜裁晚礼服长裙（作者仿绘）。

就能使衣物神奇地贴合身体，自然呈现出胸、腰、臀部的轮廓曲线，让身材显得极为修长，同时还可以保证穿着者活动自如。这种非常讨好女性身体的裁剪方式很快风靡时装界，最早被用在晚礼裙上，不久便进入内衣领域。魔术文胸的罩杯，以及紧身胸衣和塑身衣的特定部位（如腰两侧）往往都会使用斜裁。随后也出现了斜裁丝绸衬裙。

斜裁衬裙外形简洁流畅，任何人穿上，几乎都会立刻拥有"女神风采"。

这么美的衬裙不穿出来太可惜了

传统衬裙是用麻布制作的，在外衣下贴身穿着，也是白麻内衣嫁妆的一部分。在文胸、弹力内裤出现前，它是最贴近身体的衣物，主要功能是吸汗，并避免皮肤因为直接与外衣摩擦而受伤。

衬裙采用丝绸面料和斜裁手法后，无论外观还是功能都焕然一新。它随着外穿裙样式的更迭变化着长短，同时也会反过来影响外穿裙的样式和长短：斜裁使裙摆变大，那么无论外穿裙多长，女人都可以迈开大步走路。丝绸衬裙具有极好的隔离性，与任何材质的外衣摩擦都不易产生静电，总能让外穿裙保持顺滑垂落的状态。如果外穿裙是针织或羊毛面料，容易贴附身体、往上跑皱，或出现静电，那么内穿丝绸衬裙是最好的解决方法。

丝绸斜裁衬裙既美观又方便，女人们认为让它藏在外衣之下实在可惜，于是开始直接在家里穿着。它很快就成了在卧室和客厅周围穿着的夜内衣。20世纪20年代，斜裁式曳地长睡裙经常出现在好莱坞电影里，卡洛·朗白、玛琳·黛德丽、葛丽泰·嘉宝等多位女星都曾

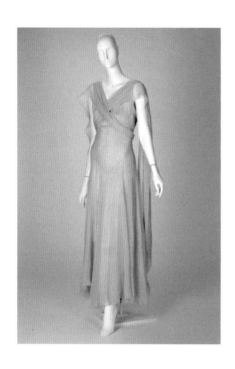

穿它出镜。在好莱坞的影响下，夜内衣变得越来越美艳，式样越来越复杂，装饰越来越丰富，款式自然也越来越多。除了睡裙，电影中的女主角们还常常会在起居室内披晨衣、寝衣，据说也是为了避免因穿着暴露而让电影遭受审查的风险。

这股风潮在 20 世纪 30 年代达到顶峰。1937 年，《魅力》杂志把"斜裁"评为"备受女性钟爱"的裁剪方式，玛德琳·维奥内特也因此得到了"斜裁女皇""裙装裁缝中的建筑师"等美誉。

1960 年，米高梅公司的御用服装设计师海伦·罗斯（Helen Rose）为电影《巴特菲尔德八号》设计戏服，为女主角伊丽莎白·泰勒设计了一条象牙色丝绸配裸色蕾丝的及膝衬裙。片中，泰勒饰演的应召女郎格劳瑞亚穿着衬裙，端着水杯靠在门框上的形象，可能是衬裙最美

1960 年，伊丽莎白·泰勒在电影《巴特菲尔德八号》中，端着水杯靠在门框上的形象，可能是衬裙最美的一次亮相（作者绘）。

的一次亮相。电影中，女主角试图重新获得男人的爱，而这条衬裙替她诉说着曲折的心思。不过，这或许也是丝绸衬裙最后的风光亮相了。

斜裁衬裙经过 20 世纪 30 年代的风靡，到了 50 年代，人们已开始嫌它式样太过简单，缺乏时髦魅力。七八十年代后，它遭到了女性更普遍的冷落，原因倒不是式样过简——此时内衣界刮起了极简风，内裤和文胸都越做越小，对女性身体的遮盖越来越少，斜裁衬裙反而变成了遮盖过多的衣物；市面上的零售店铺即使售卖斜裁睡裙，多半也只有最简单的吊带裙一种款式，颜色单调不说，面料也多为价格比较低廉的合成织物，很少再能见到饰有大量蕾丝的华美丝绸睡裙了。

不过，跟古典胸衣一样，衬裙不再流行时，它就被赋予了怀旧的意义和反传统的前卫性。那些深谙时尚之道的女人在古董衣店里淘宝时，重新发现了衬裙当年的美，不惜花大价钱将之买下，越来越多地把它当作外衣穿了出来——让衬裙亮相于晚会、颁奖礼等社交场合，甚至婚礼。

斜裁衬裙无论以何种方式重回公众视野，其性感撩人的特质始终没有改变。2002 年，戴安·琳恩在电影《不忠》里穿着一条黑色细带斜裁短裙与丈夫做爱，衬裙的样式虽简单至极，却仍然散发着强烈的性诱惑力。这条黑色衬裙来自纽约的一家精品内衣小店"小调情"（Little Flirt）。

在 2005 年的翻拍版《金刚》里，女演员娜奥米·沃茨穿了好几款经典的斜裁衬裙，白色、裸色、肉粉色，有的有蕾丝装饰，有的没有，让她的好身材一览无余。在柔和灯光的映衬下，这些衬裙使她成为片中晦暗阴冷的世界里唯一柔软温暖的存在。在这部电影之前，沃茨多演文艺片，知名度不算太高，而在此之后，她终于成了既性感又有古典美人韵味的市场化大明星。

起居室里的性感

我们一直在说斜裁衬裙性感，那究竟是一种怎样的性感呢？

说起来相当微妙。当现代女性内衣的式样越来越简单，只是作为关键部位的遮盖时，斜裁睡裙仍然保留着遮掩女性全身的传统，却又能充分显现女性的身体曲线。这大概就是它最独特的魅力所在。它不像文胸那么张扬，性诱惑力也散发得相当含蓄，暴露的并不多。不过，侧缝开衩后诱人的大腿、胸口蕾丝花边下若隐若现的莹润肌肤、只需轻轻一拨就可以从香肩滑落的两根细吊带，还有什么比这种欲拒还迎的遮掩更动人呢？

今天，斜裁衬裙仍是睡衣中的经典款式，不过，要想拥有那些最精美的睡裙，比如采用了百分之百真丝材质、精细手工裁绣的列韦斯花边①、手感沉甸甸的睡裙，就只能到最优质的品牌店里去找了。出色的设计师对斜裁衬裙的古典风韵念念不忘，不惜为它使用最好的面料和装饰，当然也自有顾客为这份用心埋单。

作为设计师，一般来说，我不赞成把卧室中穿着的内衣暴露在外人面前，丝绸斜裁衬裙却是个例外。尤其是炎夏，在室内穿件小衬裙既凉快又方便，而如果有快递员上门，只需披上一件长罩袍就足够了。

---

① 列韦斯花边是最早的机器制作蕾丝，出现在 19 世纪。因为专门制作它的机器现已停产，列韦斯花边产量有限、价格昂贵。详见本书附录中"蕾丝"一节。

| 天使总是在后窗里出现——长睡裙

在斜裁衬裙蔚然成风的 20 世纪 20 年代，丝绸长睡裙也日渐流行。第一次世界大战后，西方普遍出现了反传统的风潮，追求性自由是表现之一，从小说《了不起的盖茨比》中，我们可以见识到当时"空气里弥漫着欢歌与纵饮气息"的狂热。到 30 年代，男性对这种自由风潮渐渐感到厌倦，女性也选择重新回归家庭生活，于是日内衣再次强调女性曲线，夜内衣则有了新的"代言人"——长睡裙。白天穿衬裙、晚上穿睡裙成为女性的新时尚。同时夜内衣还出现了晨衣、寝衣、夜帔、睡衫等新样式，甚至是类似白麻内衣的"新娘内衣"（bridal lingerie）。

跟衬裙一样，长睡裙往往也会使用昂贵的丝绸面料，不过在选择上更为丰富，包括丝缎、锦缎、薄纱、塔夫绸等，颜色也更多。由于制作复杂，长睡裙往往会使用更多的装饰元素，例如蕾丝花边、绣花嵌饰、贴花织物等，还经常会使用一些经典图案，比如花叶、蜻蜓、鸟、蝴蝶等，使之成为名副其实的优雅衣物。在好莱坞电影里，它不是一件简单的"内衣"，而是可以展现人物性格、推进故事发展的重要道具。

希区柯克执导的《后窗》是最好的例子。我们跟随男主人公的视角，透过后窗看到的女人几乎全都穿着内衣出场。要说电影里最让人难忘的衣物，当然要属格蕾丝·凯利的曳地长睡裙和与之搭配的丝质软拖鞋了。虽然这条长裙不如她出场时穿的带黑色枝叶装饰的白裙华丽，不过它的寓意显然更丰富，隐晦地表达出她想待在男主人公房里的心情，而在片中另一位男性侦探的注视下，它也成了一种私人情感的隐喻。

长睡裙流行了差不多 10 年，之后第二次世界大战爆发，能源紧张，室内供暖不足，带蕾丝的晨衣等轻薄衣物只好被收进衣柜。长睡裙更因用料靡费，成了物资短缺时代的"奢侈品"，渐渐失去了流行的可能。生产商没有丝绸和棉布，只好把目光投向人造纤维，很快，人造丝（rayon）和粘胶短纤维纱（spun viscose）等替代材料便成为长睡裙面料市场的主力，不过用这些材料缝制的衣服很容易松垮无形。

长睡裙重回巅峰要等到战争结束以后，而此时另一种睡裙进入了女性视野，也被随时注视着她们的男性关注。这就是娃娃裙（baby-doll）。

| 诱惑小天使——娃娃裙

在诸多款式的睡衣里，如果说衬裙是内衣橱里的必备款，那么娃娃裙就是我自己在卧室里穿着最多的日常款式了。

娃娃裙是一种短到仅能遮住大腿根的小裙子，裙下通常配有一条同样材质的蓬松南瓜裤；因为裙短，短裤总会若隐若现。这似乎是一款特别适合在独处时穿着的小睡衣，实际上却并不这么简单——它出现以后，夜内衣除了履行睡衣的实际功能外，也被女人当成了"武器"。

说到娃娃裙，就不能不提到 1956 年一部由田纳西·威廉斯编剧、名为《宝贝儿》（Baby Doll）的好莱坞电影。主人公"宝贝儿"是个芳龄十九的女子，虽已结婚两年，却固执地不愿与丈夫圆房，后来被丈夫的商业对手，一个更有魅力的男人勾引，间接帮助他摧毁了丈夫的事业，致其锒铛入狱，她并不热衷的婚姻也随之终结。

作者设计的白麻娃娃裙。

宝贝儿出场的第一个镜头是睡在婴儿床里，吮着手指，身穿一条蓬松的小内裤和小女孩式的超短睡裙。这款睡裙就是今天我们说的娃娃裙。有不少人认为娃娃裙的英文名称"babydoll"来自这部电影，不管是否属实，至少这部当年斩获了多项大奖的电影让世人知道了这款睡裙的存在。

　　即使上映于六七十年前，影片的道德倾向和对性爱的描绘也都存在着明显问题，曾引发很多争议，甚至一度被迫取消放映计划，还被影评人评选为 20 世纪 50 年代最臭名昭著的电影之一，不过它确实为服装界做出了一项杰出贡献，就是促成了娃娃裙的成名和流行，使它出人意料地得到了成年女性的追捧。究其原因，大概是娃娃裙让我们意识到，每个女人，无论年纪大小，心里都住着一个少女，希望自己既能在身体上拥有成熟女人的性感，又能留住灵魂里少女的天真。娃娃裙恰好满足了这种愿望。就像电影里的宝贝儿一样，成熟与天真的混合是最具杀伤力的武器，可以摧毁任何羁绊，让我们任性妄为。

　　从款式上讲，电影里的娃娃裙有三个基本特点：一是它比常规睡裙短，介于背心和短裙之间，若隐若现地露出女主角的腰、大腿和一部分臀部；二是采用了"帝国腰线"①，突出了宝贝儿胸部的圆润，在服装史上，帝国腰线就是为了强调胸部轮廓而出现的，宝贝儿的睡裙有带褶皱的宽大裙摆，表面上是在遮掩腰部线条，实际上则更加暴露和突出了胸部曲线；三是它的裙摆不足以盖全臀部，因此搭配了一条风格相同的灯笼短裤（后来更多地被叫作"南瓜裤"），俏皮又性感。

　　因此，娃娃裙从成名之日起，就带有一种性感的特质，20 世纪

---

① 帝国腰线：位于乳房下，比实际腰线要高，因起源于拿破仑帝国时代而得名。

60 年代末又在新时尚的影响下出现各种变异。至今，它仍然是市场的宠儿。

今天市场上的娃娃裙款式多种多样。

原本娃娃裙的性感里还带有少女的天真，而现在性感似乎已成为它设计上的第一标准：为了突出胸部，将领口拉低，足以露出乳沟；延肩袖（extended sleeves）变成了细肩带，胸部类似三角软罩杯，暴露出更多肩颈及后背的肌肤；帝国腰线仍是最常用的设计元素，不过原先捏褶的宽大裙摆变成了前中开气，只在腰线部位用一根带子系住；材质也发生了变化，棉布被轻薄甚至透明的面料，如雪纺、乔其纱等取代。

不过，一些做着"老祖母的旧睡衣"的设计师和品牌还在坚守传统风格，继续使用梭织细棉或高级细麻，采用绣花工艺，保持宽肩或延袖，让娃娃裙在不过分暴露的俏皮中，散发既成熟又天真的迷人味道。

我自己大概是传统娃娃裙永远的拥趸，因为这说到底是最实用的款式：棉布贴身，长短恰到好处，夜里沉睡时不妨碍身体活动，同时又能很好地护腹保暖，轻便而稳妥。我的几条超细棉布娃娃裙，都是穿到后背的绣花磨光了仍不舍得丢掉，甚至会自己照着原样再做一件。

我们喜欢讨论内衣如何才能做到性感，暴露是在表现性感吗？它是表现性感的唯一方式吗？暴露得越多越性感？答案似乎并非如此。宝贝儿的睡裙能够风靡市场，靠的并不是简单暴露，而是对成熟身体的掩饰。

| 分身睡衣，雌雄同体，平等和自由

在英文里，"pajamas"指上下两件套的分身睡衣。这个单词源自波斯文"pāy-jāmeh"，原意是"穿在腿上的衣服"。在南亚的一些国家，"pajamas"专指男士穿的腰间有系绳的肥大裤子。

截至19世纪末，西方国家的成人和儿童普遍是穿睡衫睡觉的，睡衫长度过臀，有的能盖住一半大腿。英国殖民者涉足远东后，在印度和其他一些南亚殖民地看到当地人穿的肥大裤子，轻薄又五颜六色，回英国的时候，便把它们带了回去，并配以上衣。他们很快发现，这套上下分身的衣服不仅适合日常居家穿着，做睡衣也很舒服。这套衣服被称为"pajamas"，后来简称"PJ"。

20世纪20年代，分身睡衣的风潮从欧洲蔓延到了大洋彼岸的美国。腰间有抽绳的宽松睡裤，以及有前开扣的无领上衣慢慢取代了睡衫，成为男士最喜欢的睡衣款式。女人们也开始照此式样，用真丝、绸缎或雪纺制作女款睡衣，通常衣长及臀、裤长及踝。她们穿着这种时髦的衣服睡觉，也穿着它起居、做家务，分身睡衣就像流行的裤装一样，为她们的生活提供了更多方便。一些勇敢的女性走得更远，把分身睡衣穿出了家门，当作女性解放的象征。时尚界和女权运动的领袖人物可可·香奈儿就曾多次穿着分身睡衣、戴着标志性的珍珠项链出现在公众场合。她还把这身行头穿到海滩上，在贵妇圈里引发了"沙滩pajamas"的潮流。

没有什么时尚潮流不会被好莱坞敏感的神经捕捉到，并将其发扬光大。1934年克劳黛·考尔白和克拉克·盖博主演的电影《一夜风流》里就出现了分身睡衣，它被赋予了全新的形象和意义。考尔白饰

演的富家女从家中逃走，泅水、坐船，又搭乘公共汽车去纽约找情人，途中被人盗走了钱和衣服。狼狈不堪之际，她在长途汽车上遇到了盖博饰演的玩世不恭的报社记者，两人被迫住在一间汽车旅馆的双人房里。为了避嫌，盖博把毛毯挂在晾衣绳上，将房间一分为二，又把自己"最好"的分身睡衣从晾衣绳上扔给了考尔白。

电影是黑白的，盖博扔的是自己的衣物，因此很多人认为这套睡衣是白色的。它的风格跟男式西装很像：平驳翻领，胸前有口袋，唯一的装饰是领口、袖口、脚口和裤缝处的撞色边（应该是黑色的），还有裤腰的系绳。这套睡衣对考尔白来说显然太大了，但奇妙得很，她穿上后显得格外性感迷人，有人甚至评论，她比当时最性感的女星珍·哈露穿紧身晨衣的样子性感多了。

为什么会这样？有人分析，与其说是分身睡衣本身性感，不如说是女人穿上男装后，就自有一种雌雄同体的风流。宽大的衣服一方面突出了女性的弱小，另一方面又展现了她们干练和倔强的内在。这部电影开启了女性穿男式睡衣的风气，也为分身睡衣创造了男女同款的新风潮。女人穿分身睡衣的话，一定要大一号才好看。

分身睡衣在20世纪40年代曾一度变短，衣摆、袖口和脚口处还增加了荷叶边，受到少女和年轻女人的追捧。不过到了70年代，中性风回潮，男女同款的分身睡衣又再次走红，尤其是女人，对这一具备独特性感的款式更是推崇，使之渐渐成为睡衣中的固定品类。儿童内衣品牌也推出了同款睡衣，既保暖又灵便，小孩子晚上看电视、听睡前故事时，都可以穿着它。后来，孩子们在圣诞节时得到分身睡衣作为礼物，成了美国家庭中的一种文化传统。

分身睡衣也成了很多设计大师创造力的载体。英国设计师奥兹·克拉克（Ozzie Clark）被誉为印花、卡夫坦长衫和分身睡衣大师，他与伊夫·圣罗兰设计的分身睡衣在今天看来仍时尚至极。纪梵希、乔治·阿玛尼、迪奥、范思哲、古驰、拉夫劳伦等品牌也都推出过品质高档、做工精细的分身睡衣，备受好莱坞明星和文化界名流青睐，让这个睡衣品类更加深入人心。

分身睡衣被大众普遍接受后，一位喜欢穿着它出现在公共场合的男士成了话题人物。这位"怪咖"就是 2007 年凭借电影《潜水钟与蝴蝶》获得了第 60 届戛纳国际电影节最佳导演奖的美国导演、编剧、画家朱利安·施纳贝尔（Julian Schnabel）。他从 1995 年开始，就多次穿着分身睡衣出席重要场合，是全世界最著名的分身睡衣狂热爱好者。有媒体总结了他的高光时刻，无论是出席威尼斯、戛纳电影节，奥斯卡颁奖典礼，还是出现在摄影大师安妮·莱博维茨的镜头中；无论是在必须戴黑领结的正式场合，还是在双胞胎儿子诞生的时刻，他都穿着软塌塌的分身睡衣，有时还踩着拖鞋，就像刚从卧室里出来。如果说考尔白穿上盖博的睡衣是在表现某种叛逆的气质，那么这位艺术家就是通过穿睡衣表达他对社会规范的反叛。

J. Crew 的前创意执行总监詹娜·莱恩兹（Jenna Lyons）也曾通过穿分身睡衣表达自己的态度。2016 年，与艺术家丈夫结婚 9 年并育有一子的她选择了离婚，在一场时装秀上与交往多年的珠宝设计师女友一同亮相。那天，她们两人都穿着鲜艳的缎面分身睡衣，一套是粉底翠绿色印花，一套是翠绿底粉色印花。特别之处在于两人互换了上衣。高大的莱恩兹为这身衣服配了一双白球鞋，女友则戴了一副大墨镜。她们"爱的交换"大抢了时装秀的风头，也瞬间成为八卦专栏的热门话题。莱恩兹曾在 J. Crew 的官网上开设专栏，提供着装指南，曾大

奥兹·克拉克设计的印花睡衣（左）和伊夫·圣罗兰设计的圆点睡衣（作者绘）。

188

内
衣
课

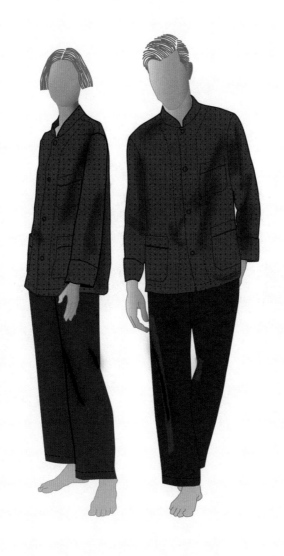

乔治·阿玛尼的纯真丝男女同款分身睡衣（作者绘）。

J. Crew 的前创意执行总监詹娜·莱恩兹与女友在纽约看秀，带动了分身睡衣外穿的新潮流（作者绘）。

内衣课

力提倡"雌雄同体"的美学风格，这次亮相可说是怪异又成功的示范。想想看，还有哪种衣服能比男式分身睡衣更适合拿来实践呢？

无论是男性、女性还是儿童，对于大多数人来说，在互道晚安、上床睡觉前换上分身睡衣，就像 19 世纪的女子在丈夫进卧室前穿好白麻睡裙一样，已经成为夜晚的一种仪式。不同的是，现代女性不再需要用睡衣遮掩自己的身体，她们可以和男性穿同样的款式，一起在起居室里看电视、喝酒、做简单的家务，或者一起靠在床头看书。借用香奈儿的话，时尚转瞬即逝，风格化的分身睡衣却会永存，既存在于卧室，也存在于街头。

睡衣的常见款式

全身类

分身睡衣（pajamas，简称 PJ）

大多为两件套，也有三件搭配套装。

⦿ 西装式

包括一件开身系扣上衣和裤子，式样类似男式西装，通常设计简单，没有过多装饰。

⦿ 中式

采用中式立领、盘扣，侧缝开气。其他设计与西装式睡衣相同。

上述两种睡衣的常见面料有：梭织棉布、法兰绒、丝绸或缎。

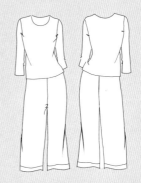

◦ 套头衫或背心搭配裤子

可以是弹性针织上装搭配梭织下装，或上下装都为针织面料。

◦ 三件套

通常是衣裤套装再搭配一款背心。

◦ 背心搭配热裤（即踢踏裤）

热裤演变自 20 世纪 30 年代踢踏舞者所穿的短裤，英文名"tap pants"即由此而来。现在也叫作"法式内裤"或"侧缝开衩短裤"。

热裤的外观很像田径短裤（track shorts），为方便身体运动，只遮盖到腿根部位。

作为睡衣的热裤通常会搭配一款设计元素相同的背心。套装经常使用蕾丝、丝绸、缎、人造丝、棉质巴里纱等面料。有些也采用荷叶边的设计。

热裤曾风靡一时，但 20 世纪中期以后，由于外衣逐渐贴身，尤其是裤装款式增多，修身的日内衣款式取代了宽松的热裤。不过近年，它作为睡衣的一种，又为越来越多的女性钟爱。

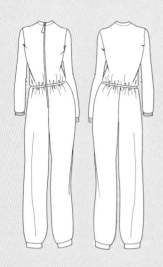

连体睡衣裤（jump suit / jumper pajamas）

通常在前中开襟至腰下，最长的可以连袜，具有很好的保暖功能，是很适合在寒冷地区穿着的睡衣。

特迪式背心连裤（Teddy）

这是一种把背心与热裤结合在一起的睡衣，不是大众市场中的常见款式，在中高端市场中偶尔可以看到，通常由丝绸或类似的精致面料制作。

特迪式睡衣可飘逸也可贴身，胸部可配有钢托，下身可以是全罩式短裤式样，也可以是丁字裤式样。有些也可当作衬裙穿着。

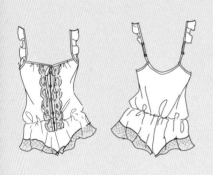

传统的特迪式古典胸衣连裤有不同的裤长：长及大腿、小腿或脚踝，以前多用丝绸或棉麻制作，是一款非常美丽的睡衣。

内衣课

睡裙类

睡裙（night gown）

吊带或带袖的短裙或长裙，通常为直筒式。

短睡裙（short gown / shortie）的长度通常在膝盖上下。

长睡裙（long gown）有长及小腿和长及脚踝两种款式。

睡裙的领口样式很多，袖长也各有不同。如果在家中见客，可以在睡裙外披件长袍或晨衣。

斜裁衬裙（bias-cut slip）

通常使用丝绸面料，因为布料斜裁，会有自然随身的效果。无论在起居室还是卧室穿着，都会使人散发出性感的气息，因此也常出现在电影火热性感的场景里。

斜裁衬裙有长短之分，下摆长度在脚踝到膝盖之间。

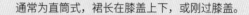

及膝无袖睡裙（chemise）

通常为直筒式，裙长在膝盖上下，或刚过膝盖。

"chemise"一词原指外衣（长袍）下贴身穿着的一种类似汗衫的衣物，避免外衣沾到肌肤上的汗和油垢。男女都可穿着。

直到 18 世纪，"chemise"才特指内衣，现在主要指宽松、无袖、直筒式的女性睡裙。它的外观近似娃娃裙，但比后者长，腰线以下至臀部更为宽松。

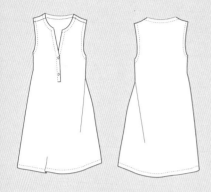

娃娃裙（babydoll）

娃娃裙通常无袖，是一种下摆在肚脐和大腿根部之间的宽松短睡裙。常饰有蕾丝、荷叶边、花菜边、蝴蝶结、缎带等，偶尔也有羽毛饰边。

通常会搭配一条相同设计风格的小内裤。

内衣课

睡衫（night shirt / sleep shirt）

　　传统的睡衫借鉴了男式衬衫和诗人衬衫的式样，领口有大量捏褶，下摆呈圆弧形，两侧有开气。现代睡衫则更像开襟衬衫，但比一般衬衫要长，下摆可长及大腿，甚至长过膝盖。有些无领，有些有领；有些前身全开襟，有些只开领口。

　　20 世纪 80 年代中期，睡衫出现了针织 T 恤和运动式背心的样式。

　　睡衫通常采用直筒式剪裁，以方便睡觉时活动身体。因为宽松，外观类似男式衬衫，有时也被称为"男朋友衫"（boyfriend shirt）。在 1990 年的电影《人鬼情未了》里，黛米·摩尔饰演的女主人公穿着死去未婚夫的 T 恤衫做睡衫，完美地展现了这款睡衣的魅力。

作者设计的"鸾鹊"系列丝光棉睡衣。

起居类

　　起居类睡衣指起夜或在起居室活动时穿在睡裙外面的衣物，与家居服的功能及款式有部分重叠。

睡袍（robe）

在家中起居时可穿在睡裙外面，有及踝长款、及膝款和过臀的短款。

睡袍的面料通常要与搭配的睡裙一致，或比睡裙厚重一点。

和式睡袍（kimono robe）

仿照日本和服制作，通常有宽大的袖子，腰部系带。

面料多种多样，包括轻薄的梭织棉和厚重的针织真丝。通常会有漂亮的印花图案。

浴袍（bathrobe）

指淋浴后穿的长袍，功能类似浴巾，因此也通常采用与浴巾相同的、吸水性能较强的毛圈织物（terry cloth）和蜂窝纹织物（waffle-weave）面料。

在设计样式上，浴袍与睡袍几乎没有差别，区别主要在于面料。

短寝衣（bed jacket）

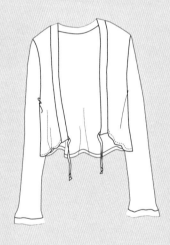

前身开襟，有系扣或系带。

通常夜晚穿在睡裙外面，保暖，方便起居。

女式晨衣（peignoir）

这是比较古典的睡衣款式，名称源自法语"peigner"，意为梳头，指早起梳头时穿的衣服。

以前的女式晨衣包括起居时穿的长袍或长款浴袍，现在通常指长袍加睡衣的套装，或长袍加长睡裙的套装。

晨衣常使用尼龙和雪纺面料，配有大量蕾丝装饰。

长晨衣（negligee）

长晨衣曾是夜睡裙的一种，一般在卧室周围活动时穿着。它诞生于 18 世纪的法国，模仿了当时一种长度及踝的日裙。

从 20 世纪 50 年代开始，长晨衣专指穿在夜睡裙外面、面料轻薄的睡袍，常使用透明或半透明的面料，如雪纺等，配有复杂的蕾丝和蝴蝶结装饰，有时也会使用多层面料。现代长晨衣更像夜帔，起夜或晨起时穿在睡裙外面。20 世纪 40 年代到 70 年代，长晨衣开始变短，有人认为娃娃裙即由此演变而来。

长晨衣不是常见的睡衣款式，销量一直不高。

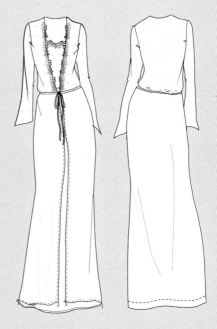

第五讲

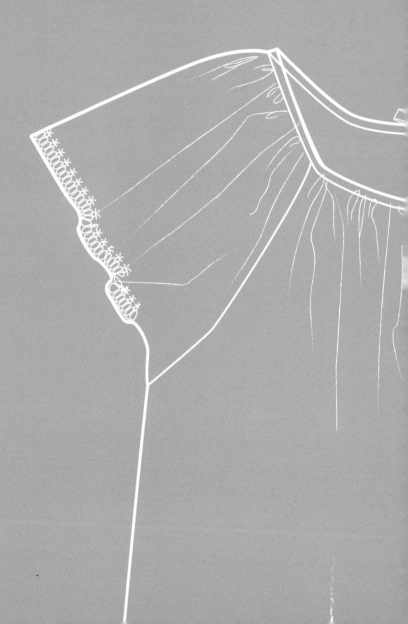

家居服

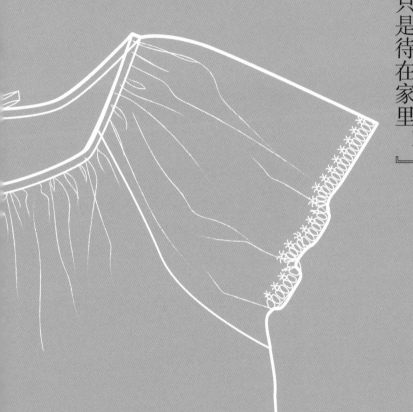

从『我想待在家里』到『我不想只是待在家里！』

人类在大约一万两千年前进入农耕时代后，才有了比较固定的居所。在这之前，"家"是流动的，衣服自然也不会有"室内"和"户外"的区别，不会有"家居服"的概念。

　　"家居服"（lounge wear）一词直译过来是"客厅装"，早期指适合在私宅的公共区域，比如客厅、起居室内穿着的衣服。不过，进入现代以后，家居服的概念就不限于此了。如今想要区分什么衣服应该在家里穿、什么衣服应该在户外穿，已经变得越来越困难。

| 什么是"客厅"？

"客厅"一词源自西方。西式住宅里一般都有一间可供人们坐着休憩、放松、进行社交活动的房间，被称为"lounge"或"sitting room"，现在则更多地被叫作"living room"，译成中文是"客厅"或者"起居室"。

典型的西式客厅中一般会有这些家具：沙发、桌椅、书架、台灯、地毯。在英式客厅中，通常还会有壁炉。

"lounge"、"sitting room"和"living Room"的含义也有细微差别。面积较大的住宅中通常既有"living room"，也有"sitting room"，后者是一个与卧室相连接的较小的私密起居空间，比如白金汉宫里的

19世纪的起居室。

19 世纪的起居室。

"女王起居室"[①] 和白宫里的"林肯起居室"。如果住宅里没有单独的客厅或会客室，"sitting room"也兼具会客室的功能。

　　"lounge"则更多是指休息室。在欧美的很多老建筑中，比如纽约大都会博物馆顶楼、萨克斯第五大道的百货公司，以及巴黎乐蓬马歇百货公司里，女士洗手间的进门处至今都有一间带镜子的空房，叫作"lounge"，是专供女性补妆的房间。

---

① 女王起居室（Queen's Sitting Room）：位于白金汉宫二楼东北角，1902 年成为"女王卧室"（当时称作"玫瑰卧室""粉卧室"）里的会客室。

内
衣
课

"living room"一词出现得最晚——它出现于 19 世纪 90 年代装修相关的文件里。与维多利亚时期的建筑惯例无关，它只是当时某些设计师个人风格下的产物，却慢慢成了气候。它出现后，维多利亚时期专门用来接待客人的起居室就渐渐消失了。

| 19 世纪末到 20 世纪上半叶，从卧室向客厅延伸

"客厅装"最早出现在 17、18 世纪，那时候有一种宽松的衣服"banyan"，在印度文中意为"菩提树"，英文词典中对它的解释是印度一种用法兰绒制作的内衣，可以译作罩衫。

从罩衫到长罩衫，日常的解放

罩衫形似男子的外衣，不过更长也更宽松，整体呈 T 形，通常一体裁剪，没有肩缝和袖缝，腰间有束带。最初男人起床后会把它套在睡衣外面，在卧室以外的室内空间里穿着，后来也把它穿在衬衫和马裤外面。与分身睡衣一样，罩衫也明显带有东方色彩，一说它来自南亚、中东地区，一说它受到了日本和服的影响，于 17 世纪中期由荷兰的东印度公司带到欧洲。罩衫多采用真丝花缎、印花棉布甚至丝绒材质，通常颜色艳丽、质地上乘，大多是男人消闲时所穿的衣物，因此自然而然地成了上流社会的标志。受过良好教育的绅士们似乎都喜欢穿着罩衫让人画像，牛顿、拜伦都有穿罩衫的画像，而在美国肖像画家约翰·辛格尔顿·科普利的名作《尼古拉斯·博伊尔斯顿》中，画中人所穿的也是罩衫。美国《独立宣言》签署人之一、政治家、教育

美国肖像画家约翰·辛格尔顿·科普
利的油画作品《尼古拉斯·博伊尔斯
顿》，1767 年。博伊尔斯顿所穿的罩
衫，是当时上流社会男士的标志。

家、医生本杰明·拉什评论说：宽松的衣服对于轻松和剧烈的大脑活动都很有助益。

到 19 世纪中期，罩衫渐渐被 "dressing gown" 替代，中文译作 "长罩衫"。不过 "gown" 也有长裙的意思，似乎比 "衫" 更加宽松。

部分原因是罩衫被降级成了只能在居家时穿着的衣物，是第一代家居服中最为重要甚至是唯一的款式。此外，女子也被允许穿着罩衫了。那时的男性服装大多颜色素净、裁剪合身，但长罩衫却有着鲜艳的颜色、宽大的下摆，成了男士衣橱里难得的亮色。对于女人而言，长罩衫显然有着更重大的意义，从前即使在家里，她们也要穿着勒束的胸衣和繁复的衬裙，如今则可以直接套上长罩衫、吃饭饮茶、做家务、缝纫，至少在家里实现了行动自如和身体的部分解放。

布卢默裤，灯笼裤的短暂现身

对于承担着烦琐家务的女性而言，身穿长裙和长罩衫还是有着诸多不便。19世纪后半期，几位女权运动领袖曾积极宣传并身体力行地推崇过一款裤装，比香奈儿著名的裤装至少早出现了半个世纪。不过也许因为太过前卫，它只存在了不到10年。

这款裤装叫"bloomers"，是以美国女权主义者阿梅莉亚·布卢默（Amelia Bloomer）的名字命名的。布卢默并非它的发明者，却是它最积极的推广者。她是美国第一本由女性主编并专门为女性服务的杂志《百合》的主编，曾多次借助杂志倡议改革女性着装标准，使服装真正满足女性的实际需求，减少对日常活动的束缚。1851年，布卢默的朋友穿着一身新奇的衣服来拜访她。那时候女子的裙子长到脚踝，朋友的裙子却只到膝盖，又在裙下穿了条宽松肥大的裤子，裤腰有褶皱，脚口用绳子扎紧。这条裤子是朋友的姑姑、新英格兰戒酒运动中的积极分子伊丽莎白·史密斯·米勒（Elizabeth Smith Miller）设计制作的，灵感来自在中东和中亚地区妇女中十分流行的"土耳其灯笼裤"。布卢默觉得这种裤子既可以穿在家里，方便家务劳动，也可以像朋友一样穿到户外，便在杂志上热情推荐。随后《纽约论坛》也发表了几篇介绍这种裤子的文章，于是它被更多的女性穿上，称为"布卢默裤"。

"布卢默裤"后来成了"灯笼裤"的同义词，今天还在被使用，不过大概已很少有人知道它和这位女权主义者的渊源了。

灯笼裤被女权运动的领袖们推崇，原本是旨在反对社会观念对于女性的束缚，却不断遭到大众媒体的嘲笑，一些前卫的女子把它穿上街后也常遭到骚扰。灯笼裤成为大众目光的焦点，最终反而分散了人

19 世纪 50 年代风靡一时的灯笼裤。

们对女权运动本身的关注，于是布卢默在 1859 年宣布不会再穿这款以自己名字命名的裤装。不过，扎脚口的灯笼裤没有就此消失，它的式样和设计一直延续到今天，被很多家居服，特别是轻运动家居服采用，比如南瓜裤、瑜伽服、普拉提裤等。布卢默倡导的女性服装改革也没有停止，到 20 世纪初，女性赢得了更多暴露身体、解除束缚的权利，裙袍领口变低、裙摆提高，最终出现了香奈儿裤装及分身睡衣的流行。

布卢默的灯笼裤可以被视作女性打破室内与户外界限的一次勇敢尝试，尽管它最终失败了。

罩袍和分身睡衣，走出家的壁垒

虽然宽松的灯笼裤在 19 世纪后期没能流行起来，但长罩衫的款式却在 20 世纪初变得越来越丰富，发展出了我们今天比较熟悉的女式晨衣、长晨衣、短寝衣和睡袍。过去大部分女子仍会在罩袍下面穿长睡裙，19 世纪 20 年代，既可以穿着睡觉也适合日常起居的分身睡衣流行起来，长睡裙被替换下来，分身睡衣加罩袍的搭配成为时髦装束。

这时的晨衣对于大多数女性来说，基础功能仍然是对睡衣有所遮盖，帮助她们在起夜时保暖，并短暂地应付家中会客场面。罩袍的意义则重大得多，尤其是在搭配分身睡衣后，承担起了帮助女性从卧室和起居室走向公共空间的职责。而卧室和客厅的界限一旦被打破，便在某种意义上象征着女性禁锢的破除。前卫的女子甚至把罩袍和分身睡衣穿出家门，穿到公共场所。女性想要走出家庭壁垒、得到更大空间的愿望已不可阻挡。

20 世纪 50 年代，经历了大萧条和第二次世界大战，身穿罩袍、整日坐在家中的女性形象失去了原有的魅力，反倒被视为懒惰的象征。随着功能性客厅的普及，特别是大量女子走出家门成为职业女性后，客厅装开始渐渐脱离了与卧室衣物形式上的关系，成为完全独立的内衣品类——现代家居服。它不再是卧室到客厅的"过渡衣物"，也不再囿于客厅，而是承担起了区分家中与外界空间的责任。

| 20 世纪后半叶的休闲风，从客厅装到家居服

我最早把"lounge wear"译为"客厅装"，后来发现有人用了"家居服"一词，赞其更妙。虽然看似只是一个翻译问题，但"客厅装"和"家居服"却有着微妙的不同：前者只是一种对功能的描述，后者却是对生活方式和态度的反映。

态度是什么呢？就是"居家"。

居家的权利，8 小时归自己！

也许有人会问，女性刚刚走出家门，怎么又要退居家中？不！再次回到家中并非简单的退步，相反，它是现代社会文明前进一大步的结果。伍尔夫曾在 1928 年提出，女性要想写作，首先要有 500 英镑的年收入，其次要有"一间属于自己的带锁房间"。"家居服"与"一间自己的房间"一脉相承，体现了女性希望摆脱永无止境的家务、在家中拥有自由空闲时间的愿望。

"居家"听起来再平常不过，但很多人却并非生来就拥有这份权利。罩衫最早只在上流社会中流行，并非是因为普通人不想穿，而是

内
衣
课

他们根本没有时间穿。19 世纪，西方许多国家逐步发展到了帝国主义阶段，为了刺激经济发展，资本家不断增加劳动者的工作时间和强度，有人每天工作 14 至 16 个小时，甚至更多。19 世纪 70 年代后，西方工人阶级在将近 30 年的时间里不断罢工，才让这种状况得以改变。

"五一"国际劳动节就是在纪念 1886 年 5 月 1 日，以美国芝加哥为中心、全美约 35 万工人参加的罢工和示威游行。示威者要求改善劳动条件，落实 8 小时工作制。他们提出的口号是："8 小时工作，8 小时休息，8 小时归自己！"

"归自己"的这 8 小时就是"居家时间"，或者换个更准确的说法——"休闲时间"。

欧美国家的 8 小时工作制直到 20 世纪初才真正受到了法律保护，人们在白天下班后到晚上睡觉前，有了不少于 8 小时的休闲时段。后来又有了一周最多工作 40 小时的法律规定，周末的休息日变为两天，业余时间就更多了。西方社会学家把休闲时间的多少看作衡量社会文明与进步的标尺，随着工业生产机械化、电子化的程度提高，通过压榨工人的剩余价值获取经济利益已不再有意义，劳动者的休闲权利最终得到了保障。

休闲，当然不必待在家里，重点在于拥有了自由支配业余时间的权利。不过对于当时的大多数女性而言，休闲时段还是只能"居家"。两次世界大战后，职业女性已达到一定数量，她们要求与男性享有同等的劳动待遇，却仍要不可避免地承担大量家务。男性可以在酒吧、剧院或俱乐部里打发闲暇时间，女性却大多只能在做完所有家务后，获得短暂的独处时光。她们一方面要平衡工作与家庭的关系，另一方面要平衡家人与自己的关系。因此，与男性相比，女性划分户外与室内，工作与休闲的愿望更为迫切，女性家居服也因此取得了比男性家居服更快速的发展。

与女性家居服的发展互为印证的，是"玄关"概念的变化及其重要性的提升。

我们知道西式住宅一般会在入口处设有门厅，英文叫"vestibule"，指门口到正室之间的一段转折空间。这个名词古已有之，门厅的空间结构在不同国家、不同历史阶段、不同文化背景中有所差异：有些是全封闭的，通过一扇门连接室内空间，比如古罗马式建筑；有些是半封闭的，有开口通向住宅内的其他房间。西式建筑里，门厅最初的功能是"锁住空气"，不让户外的冷气进入正厅，同时避免室内的暖气流失；但到了现代，它被越来越多地赋予了分隔屋里与屋外空间的职能，或者更准确地说，承担起了过渡这两种空间的职能，用来存放鞋帽、让访客等候、藏起室内景观。而对于大部分家庭的女主人来说，门厅更实际的意义，是全家人能在此完成从外到内或从内到外的换装过程。

现代家居服就是从这里开始扮演重要角色的。

在门厅脱下外衣、换上家居服，当然首先是出于卫生的考虑，不过家居服在那一瞬间给予我们的心理暗示也很实在：我们又从纷纷扰扰、竞争残酷的外部世界回到家了，回到了属于自己的私人空间中。这样的换装过程会让不少人立刻感受到如释重负的轻松，甚至心底隐隐升起胜利的喜悦。正如一件舒适的睡衣可以帮助我们更快进入睡眠状态一样，一件宽松舒适的家居服也可以让我们马上进入不被打扰、自在放松的身心状态。

承托这种职能的现代家居服，在款式上与现代成衣的进化历程是完全同步的——裙装变短、裤装、套装成为绝对的主流；同时受到文化潮流的影响，无论廓形、结构、布料，还是观念，都表现出崭新的面貌。

休闲风，T恤衫，破除服装功能界限

所谓休闲风，简单来说就是打破固有的着装规范，让许多原本属于"低级圈层"的服装登堂入室成为正统。其实整体而言，20世纪早期美国的流行文化一直在往休闲方向转变，到五六十年代，这股风气在各种文化，尤其是反文化潮流的影响下终成现象。

牛仔裤堪称休闲风的最佳代表。原本只是矿工穿着的牛仔裤，在1953年被"叛逆青年"马龙·白兰度和詹姆斯·迪恩穿进了电影里后，引发了年轻人的狂热追捧，不到10年便成为普遍的时尚，出现在很多相当正统的场合。

20世纪60年代，西装领域出现了"smart casual"的说法，虽然这个词的含义到今天仍很模糊，但其中的"casual"（随意）总归不难理解：人们厌倦了一本正经的正装。很多公司也顺应潮流，在周五这一天，员工不但不用准时打卡，男性员工还可以穿五颜六色的休闲西装上班。

休闲风除了给予人们身体的解放外，更解放了他们的思想，服装界限从此被打破，原本只属于某一品类的衣服被多功能化。比如最初是内衣，后来成为工装又变为时髦成衣的T恤，也出现在了家居服的款式清单上。

T恤是从19世纪一款贴身的连体内衣进化而来的，因平铺时形似字母T而得名。后来连体内衣分离成上下装，下装成了紧身裤，上衣较长，可以塞入腰带，叫作T恤。

1902 年，销售目录里的连体内衣广告（作者仿绘）。

　　最早的连体内衣有纽扣方便穿脱，去掉纽扣的套头 T 恤大约出现在 19 世纪末 20 世纪初，主要被经常在高温环境中作业的矿工和码头工人穿着——他们不想光膀子，就用简单的 T 恤遮盖身体。1913 年，美国海军批准圆领短袖的白棉 T 恤可以作为内衣穿在军服下，后来在热带工作的水手和海军士兵便常常脱下军服，只穿 T 恤，而这种穿法很快也在蓝领工人和农民中流行起来。"二战"以后，很多退伍军人在休闲时喜欢将 T 恤搭配军裤穿着，1951 年马龙·白兰度在电影《欲望号街车》里为这种穿法做了堪称完美的示范，让白 T 恤一夜爆红，最终脱离内衣范畴，成为独立的成衣款式。

　　20 世纪 90 年代，很多女孩子在外过夜时由于没带换洗衣服，常常借男朋友的 T 恤在客厅或卧室中穿着。如同《一夜风流》里身穿男式睡衣的考尔白，年轻女子光腿穿上男朋友的宽大 T 恤，也别具风流。

内衣课

从此女性家居服里就有了一个时髦而固定的款式——"男朋友 T 恤"，也叫"T 恤裙"。

汗裤、套头衫、帽衫，家居服的跨界

现代家居服中的另外几个经典款式，汗裤（sweatpants）、套头衫（sweatshirt）和帽衫（hoodie），前身都与运动服相关，在 20 世纪五六十年代随着休闲风的盛行进入了家居服领域。

汗裤出现在 20 世纪 20 年代，最早只是针织长裤，且只有灰色一种颜色，主要是运动员做伸展和跑步时穿着。早期汗裤多用棉或化纤针织材料制作，廓形肥大，裤腰有橡筋和抽绳，有些裤脚也用橡筋扎紧，很容易让人联想到 19 世纪末风靡一时的布卢默灯笼裤。汗裤采用了更有弹力的布料后，才有了相对合身的廓形。因为非常便于身体活动，它好像天生就适合居家穿着。到 20 世纪 90 年代，它已经成为流行度很高的家居服款式，材质更加丰富，也有了更多的风格和颜色，舒适性和时尚度都得到了很大提升，常常出现在不同的公共场合。

套头衫也叫汗衫，出现在 20 世纪 20 年代。在此之前运动员的服装都是用羊毛制作的，容易擦伤皮肤，造成红肿和痒痛。当时阿拉巴马橄榄球队的四分卫小本杰明·拉瑟尔对此深感厌烦，便找到开服装厂的父亲商量解决办法。他们发现棉质布料更舒服也更结实，就用针织棉仿照女子连体内衣的式样制作了一款宽松无领的套头衫，先供橄榄球运动员穿着，效果很是出众，成功解决了羊毛摩擦皮肤的问题，同时还能提高体温、刺激出汗，达到减重目的，很快便在各种项目的运动员中普及开来。

后来人们发现套头衫与汗裤很适合一起穿着，便选用同样的材质、颜色、装饰元素将之搭配起来。有些套头衫带帽子，被称作"帽衫"，既好看又保暖，深受慢跑运动员及跑步爱好者的喜爱。

套头衫、帽衫和汗裤进入家居服领域后，虽然面料和廓形与外衣不同，却也常常让人很难界定它们究竟属"内"还是属"外"。曾经有人把香奈儿带动的"沙滩睡衣"时尚看作现代家居服的起点，因为后者的一个重要理念就是打破室内与户外服装的界限。不过香奈儿的革命尽管在她的时代惊世骇俗，但到了 20 世纪后期，女性早已走出家门，室外活动越来越频繁，家居服被短暂地穿到户外也就不值得奇怪了。21 世纪初，狗仔队盯梢明星，拍下了不少女明星身穿帽衫汗裤到街角报亭买报纸、到隔壁咖啡店买面包的照片，实在是家居服的最佳广告。以前还曾有过"能否穿套头衫上班"的讨论，而进入 21 世纪，特别是当互联网成为我们生活的一部分后，这样的问题就渐渐失去了意义，帽衫和汗裤既可以被穿进卧室，也可以被穿去菜市场。如今，已经很少有人会对出现在公共场合的家居服大惊小怪了。

跨越时代，仍在充当家居服的衬裙

"小姐，你的衬裙露出来了。"

这是 1967 年的电影《柳媚花娇》里米勒对苏兰说的话。那时候，衬裙作为内衣是不能从裙摆下露出来的。

之所以又说到衬裙，是因为在现代家居服里，除了那些从休闲服演变而来的款式，我们仍然可以看到古典家居服的身影：其一是历史悠久的罩袍，其二就是衬裙。

20 世纪 90 年代，在胸衣带动的复古风潮中，衬裙以镶有蕾丝花边的式样
出现，重新回到时尚前沿。图为作者设计的斜裁半长衬裙。

衬裙曾在 20 世纪 30 年代大放异彩，进入休闲风盛行的六七十年代后却陷入沉寂；到了 90 年代，在胸衣带动的复古风潮中，它以镶有蕾丝花边的式样出现，重新回到时尚前沿，尤其受到怀有古典情愫的女性青睐。

女明星们似乎也对它情有独钟，常从古董衣店里淘来色彩艳丽、花边精美的真丝衬裙，穿着它们上街、参加婚礼，甚至出席颁奖典礼。这时的衬裙就不再只是一件内衣了，而是可以单独外穿的成衣。而回到家，脱掉外衣长裙后，它也仍然可以让我们像《巴特菲尔德八号》里的伊丽莎白·泰勒一样，浑身散发出卸下盔甲后的慵懒和独处家中的脆弱。现代家居服打破室内与户外界限的精神，在衬裙之中得到了最好的展现。

对于讲究生活细节、不喜欢在家穿宽大 T 恤敷衍了事的女性而言，衬裙是最好的替代品——它既保持了古典的优雅，又不失现代的简洁。它作为家居服呈现出来的性感，已不再带有伊丽莎白·泰勒那种爱而不得的痛苦。

有些内衣专家会建议女性至少在内衣橱里备上一件样式简单的裸色长衬裙，即便外衣面料薄透，它也能助你"安全无虞"。

也有专家推荐黑色的半长衬裙，理由是：当你不确定今天晚上约会的走向时，没有任何一种衣物能像胸口镶有黑色蕾丝花边的黑衬裙那样，最快速地帮你进入浪漫状态。

当然，浪漫如今也是相当古典的一种渴望了。

| 运动潮流与互联网时代，家居服的全功能时代

进入 21 世纪以后，家居服显然又有了新时尚、新理念和新表现。这些新气象的背后，是两种文化的兴起：一是运动潮流和健身文化，二是互联网文化，二者之间又有着千丝万缕的联系。我们工作和生活的习惯被改变，居家观念被颠覆，家居服进入了全功能时代。

我要在家里穿瑜伽服

每一次运动潮流的兴起，大多伴随着复杂的社会原因。社会物质文明高度发达、市场经济特别繁荣、人类得到了巨大的物质满足时，

内
衣
课

宽松瑜伽服。灯笼裤是沙滩瑜伽修习者常穿的裤装。

随之而来的往往是精神的空虚，以及身体长期的高度紧张和疲劳。这种时候，运动就成了自救方法，在现代科技和机械化程度高速发展的20世纪六七十年代如此，在21世纪亦然。随着互联网成为人类生活不可分割的一部分，社会竞争更加激烈，很多压力变为无形，只能从运动中寻求释放。

总能最快对社会变化做出反应的时装，自21世纪以来，运动元素明显增多，成衣和家居服都不例外。更为特别的是，一些与家居服理念接近的运动服竟也直接充当起了家居服的角色。

运动服被居家穿着——这一风潮在20世纪90年代就已开始，进入21世纪后更加流行。

部分原因是这一时期出现了很多以露露乐蒙为代表的运动品牌，它们完全颠覆了传统运动服保守僵化的观念、沉闷单一的市场形象，既"深耕细作"不同运动项目的专业服装，也追求运动服装的生活场景化，推广了一些非常适合居家穿着的运动服装品类。这其中最具代表性的当属瑜伽服。

瑜伽起源于古印度，不同流派对服装的要求各有不同，有的偏重弹力度，服装紧贴身体，帮助肌肉积蓄力量；有的宽松轻软，给予身体最大限度的自由。其中，宽松瑜伽服与家居服的理念和形态都十分接近，于是被很多人直接当作家居服日常穿着。

宽松瑜伽服被当作家居服穿着，除了材质款型与家居服近似外，还有一个原因，就是很多女性没有时间定期去瑜伽馆锻炼，只能选择在家练习。既然如此，一些内衣公司就干脆在家居服里增加了"瑜伽服"的品类，在百货公司的内衣区里进行销售。由内衣公司设计生产的瑜伽服普遍更轻柔，设计也更细致，有时还会因为带有细微的内衣元素更显性感。19世纪六七十年代短暂流行过的灯笼裤，也在此时借瑜伽风潮卷土重来，履行着带领女性从家里走向户外的使命，同时把运动变成女性居家生活的一部分。

健身文化对女性产生了相当积极的影响，也带给了她们切实的好处，比如精力更充沛、生活态度更阳光、工作效率更高。持久运动塑造出的健康体态、户外活动造就的健康肤色等，曾经是上层社会中男性独享的福利，而现在很多女性获得了同等的经济和社会地位后，也享受到了这份"特权"。运动服不但进入了女性衣橱，而且占据的比例越来越大。除了瑜伽服，其他一些面料弹力适中的运动服，比如慢跑服等，也开始被很多女性居家穿着。

一些较老的运动品牌为了打破沉闷单一的形象，也联手时尚设计师推出新品，比如阿迪达斯与斯特拉·麦卡特尼联名，彪马与蕾哈娜联名，在坚守品质的基础上，使品牌焕发出前所未有的时尚活力。

内衣课

不可否认的是，即使社会始终在呼吁男女平权，但绝大多数家务还是由女性承担的。可以想象，女性走出健身房，回到自家厨房时，瑜伽裤或慢跑套装带来的便利，一点也不亚于曾经衬裙为她们切换社会角色时带来的帮助。

针对那些没有时间出门健身、只能选择居家运动的女性，一些运动或家居品牌还推出了轻运动类服装。所谓轻运动服，是介于专业运动服和宽松家居服之间的一类服饰。当居家运动成为女性的习惯后，哪怕在煮饭、洗衣的间隙做上几个拉伸，或者在睡觉前花上片刻时间打坐冥想，也能给予她们极大的心理安慰和满足。轻运动服可以帮助女性随时在运动和居家模式之间进行切换。

有些女性没有居家运动的习惯，但这并不妨碍她们在家中穿上有运动元素的服装或运动服，因为这些衣服不仅可以让她们的居家生活更为便利，也可以实现她们对社会角色和社会身份的某种认同。

互联网破除时空界限，家居服走向全功能时代

21世纪，全球进入电子信息化时代，对人类影响最深刻的当属互联网文化。受此文化影响，不仅室内与室外的界限一再被打破，"家"与"工作空间"的区别也越来越模糊。家居服原先的"居家"意义需要被重新定义。

尤其是2020年以后，家居服可谓在我们的生活里扮演了前所未有的重要角色。以美国为例，在疫情暴发后的几个月里，许多服装品牌和百货公司相继申请破产，时装销量一片惨淡，《纽约时报》却登出了一条出人意料的消息：有一家创立不满两年的小品牌，销售额竟然

逆势增长。这家小公司名叫"全世界"（Entireworld），核心产品只有一种——汗裤。据报道，公司在疫情之前日均销售汗裤 46 条，疫情之后销量竟翻了 20 倍。2020 年 3 月底，公司的销售额比前一年同期增长近 7 倍；三四月的收入已超过了前一年的收入总和。

它是怎么做到的？很简单，它主打的汗裤，在疫情期间几乎成了像卫生纸一样的生活必需品。

可为什么是汗裤？这是很多设计师想不明白，却又不得不思考的问题。

受新冠肺炎疫情和防疫封锁的影响，全球无数企业和员工几乎在一夜之间开启了漫长的居家办公生活，曾经只有少数科技公司实行的云办公模式，很多普通职员也体验到了。根据美国 ETR 公司的调查，2021 年，全球有 34% 的员工将永久居家办公。即使未来疫情彻底消失，"云办公"也可能会成为很多行业的新常态。也就是说，对很多人来说，未来将不再有"家里"与"家外"的界限，"家"所承担的功能前所未有地重要。在家办公时，我们不会穿睡衣，也不会穿西装。我们该穿什么样的衣服？它跟以往的家居服一样吗？

对于很多家居服设计师而言，在决定产品的形态之前，需要先了解产品应用的场景。

我们可能会在起床洗漱完毕、脱掉睡衣后换上它；可能会穿着它到厨房，做简单的家务、吃早饭，然后坐到办公桌或电脑前；下午也许会穿着它做有氧运动，上跑步机，做简单的拉伸；可能会穿着它出门去街角买水果蔬菜；吃完晚饭，可能会继续穿着它窝在沙发里看电视或电影。

由此可见，这必须是一件全功能的家居服：既是晨衣，又是轻运

作者设计的家居服系列：叠加设计，适合多种居家场景。

动服，可以方便办公，还能轻松转换成客厅休闲装。"全世界"的汗裤当然是一个很好的选择，它价格适中（不到 80 美元）、质地良好、颜色鲜艳。

　　未来的家居服，应该既可以帮我们应对家中不同场景的转换，也可以帮助我们战胜居家办公的孤独、枯燥和乏味。

　　加油，家居服设计师们！

现代家居服的常见款式

背心（camisole / tank）

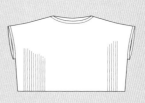

T 恤衫（T-shirt）

短裤（boxer shorts）

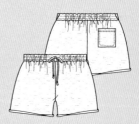

套头衫 / 汗衫 / 亨利领衫（crew / pullover / sweatshirt / Henley shirt）

帽衫（hoodie）

瑜伽服（yoga wear）

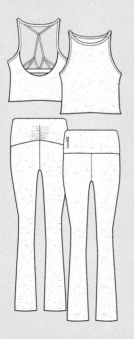

汗裤（sweatpants）

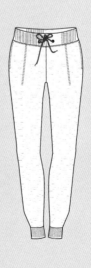

半身衬裙（slip）

亨利领裙（Henley gown）

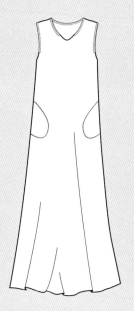

罩袍（robe）

内
衣
课

浴袍（bathrobe）

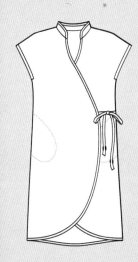

家居长裙

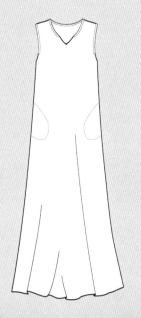

和服袍（kimono robe）

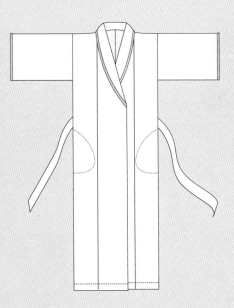

附 录

看得见的装饰物

蕾丝（lace）

常常有女性朋友拿着买回来的蕾丝内衣问我：这算是好看的蕾丝文胸吗？有些她们认为很好的蕾丝，实际品质却并不优秀；有些蕾丝她们觉得不好，却又说不出所以然。那么，到底什么样的蕾丝算是好蕾丝？什么又是好看的蕾丝或者好看的蕾丝内衣呢？

| 什么是蕾丝？

蕾丝是一种用线织就、通常带有装饰性图案的布料（或布料片）。

蕾丝的原材料可以是不同材质的线：用无弹力的线织就的是无弹蕾丝，用有弹力的线织出来的是弹力蕾丝。

蕾丝可以有不同的织法纹理，蕾丝工厂大多配有专门的蕾丝图案设计师。

| 蕾丝的种类

蕾丝的种类实在太多了，网上列出的有近百种。我们在市场上见到的各种蕾丝，其外观和质地往往看起来也很不一样。常常有女性朋友拿着她们刚买的蕾丝文胸问我：这两种蕾丝的实际区别究竟是什么？怎么分辨它们的好坏和不同？为什么这一件蕾丝内衣那么贵而那一件却相当便宜？

想要挑选合适的蕾丝衣物，就必须先了解蕾丝本身；而想要了解蕾丝，就必须从了解蕾丝的种类开始。蕾丝会根据不同的制作方法、使用工具及织线质地而划分为不同种类。总的来说，蕾丝传统上都是手工制作，手工制作的蕾丝又可按制作方式归为两大类：梭结蕾丝和针刺蕾丝。

梭结蕾丝（bobbin lace）

这种蕾丝在制作过程中会用到线、蕾丝枕、梭芯、珠钉和刺针等工具。制作编结非常精美的花边时也需要钩针。

制作时先在蕾丝枕上放好一张蕾丝花样线迹图，用珠钉标示出针脚

斯洛文尼亚的编织蕾丝。

位置；将线的一端固定在蕾丝枕上，另一端绕在有分量的梭芯上，依照图案，让梭芯在珠钉间搅扭编结，从而制成蕾丝。

针刺蕾丝（needle lace）

制作针刺蕾丝时需要用到针、线、剪刀、硬纸板或硬衬底布（可以是网纱，也可以是棉麻布料）。

简单来说，针刺蕾丝是通过用针和线缝合出数百个小针迹，从而形成蕾丝花边的。通常会用硬纸板制作一张线迹导引图（或在硬质底布背面附上一张线迹图），在导引图上扎出针孔，然后上下刺缝，形成蕾丝花边。导引图在蕾丝制作完成后可被移除。

制作列韦斯蕾丝的巨大机器。

在线迹较为稀疏的棉麻布上制作的镂空绣，以及现代的刺绣蕾丝，都可以被归入针刺蕾丝一类。

其他常见的蕾丝品类包括钩织蕾丝（crochet lace）和针织蕾丝（knitted lace）。

钩织蕾丝主要使用钩针，将一条线按照图案编织成蕾丝织物。

针织蕾丝所用的工具是一副（毛）线针，制作时会像织毛衣那样用线编织图案。

19世纪初，机器制作的蕾丝开始出现，上述四大类蕾丝都可以由机器织成。此外，机织蕾丝自身也不断发展，出现更多种类。现代蕾丝的质地好坏和美观与否很大程度上取决于制作蕾丝的机器，也就是说，有某种类型的机器，才能织出某种类型的蕾丝；当然，操作机器的技师、蕾丝图案设计师的技艺高低也对蕾丝的美观程度起到决定性作用。

| 内衣常用蕾丝

蕾丝的种类繁多，但并非全部适用于内衣制作。内衣上最常见的蕾丝有如下七种，从制作方式上看，它们都属于梭结蕾丝和针织蕾丝。

列韦斯精细花边（Leavers lace）

列韦斯蕾丝是最早的机器制作蕾丝，出现于 1813 年。最初只是简单的网布，从 1841 年开始，升级为有图案、网布和轮廓线的蕾丝花边。

在目前可制作图案蕾丝的机器里，列韦斯机器可能是技能最多的

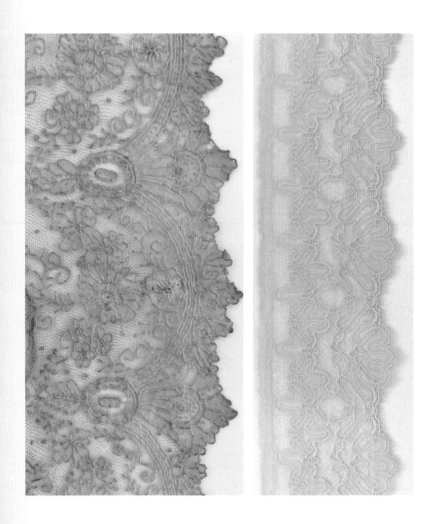

左：宽度为 8cm 的古董窄边列韦斯蕾丝。

右：宽度为 6.5cm 的现代窄边加莱产蕾丝。

内
衣
课

一种。

　　传统上，列韦斯蕾丝工业主要集中在英格兰诺丁汉地区。19 世纪初，随着许多英国机械师、工程师和工厂主移民到法国加莱，制作蕾丝的技艺也随之传播。现在大部分列韦斯蕾丝都产自法国，而诺丁汉只有一家能生产列韦斯蕾丝的工厂。

　　加莱出产的列韦斯蕾丝做工非常精细，图案十分复杂，被誉为精品。不过由于列韦斯机器现在已经停产，这种蕾丝的产量十分有限，是目前世界上最昂贵的机器制作蕾丝。

19 世纪 50 至 80 年代的尚蒂利蕾丝细节图。这片蕾丝现收藏于安特卫普时尚博物馆。

列韦斯蕾丝有如下特点：

设计过程烦琐，**150~200** 个对花板构成一组花型；

图案精细、清晰、立体感强；

蕾丝边缘清晰；

柔软性极佳。

制作列韦斯蕾丝的准备工作非常烦琐，需要很多专业知识和技巧，因此对工人技术、素质和经验的要求非常高，制作蕾丝时需要的工人数量也比其他蕾丝多五倍。

尚蒂利细花花边（Chantilly lace）

尚蒂利蕾丝最初是一种手工梭结蕾丝，出现在 17 世纪，后来实际上也是由列韦斯机器织成的。它的底布使用精细的六角网眼纱，在上面梭织出精致的花纹或云纹图样。网眼纱使用的线通常与织就图案所用的线是同一种。只有边缘会用较粗的丝线勾勒，所以轮廓特别清晰，立体感很强。

这种蕾丝在某些地区被称为"剪线蕾丝"，因为尚蒂利蕾丝的图案通常是截断的，不是一图到底，从一个图案织到下一个图案时，需要从上一个图案的最后一针跳到下一个图案的起始针，导致两个图案之间有大量松懈的连线覆盖在网眼纱上，当蕾丝从机器上取下时，要手工把每根连线剪断再打成小结。因此，尚蒂利蕾丝的表面会留下一小段一小段的线头，不了解内情的人或许会以为蕾丝的质量有问题，其实不然。这些小线头反而成了尚蒂利蕾丝的特色和标志。

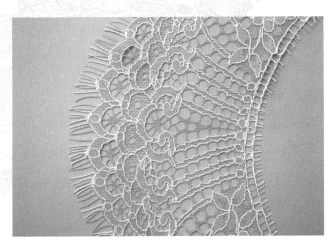

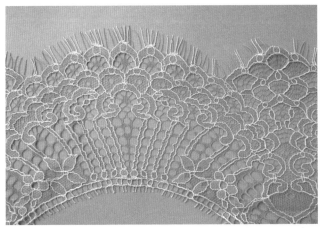

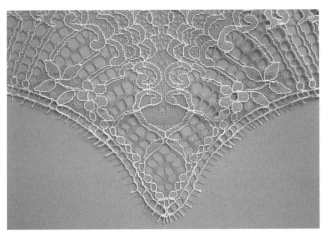

别名『睫毛蕾丝』的现代尚蒂利蕾丝。

这种蕾丝最早诞生于巴黎以北一个叫作"尚蒂利"的村庄,不过尽管叫"尚蒂利",这种蕾丝现在却大多是在法国巴约和比利时的吉拉尔德伯根生产的。

尚蒂利蕾丝和列韦斯蕾丝都被誉为蕾丝中的奢侈品,是经典和高贵的象征。两者因为外观近似,常被人混淆,其实它们之间还是有着明显区别的:

第一,尚蒂利蕾丝比列韦斯蕾丝扁平。

尚蒂利蕾丝比列韦斯蕾丝薄,细节和图案却更为丰富。品质好的尚蒂利蕾丝手感非常柔软,看似纤细脆弱,实则坚韧结实。

第二,尚蒂利蕾丝的表面经常留有线头,而列韦斯蕾丝没有。今天我们喜欢把尚蒂利蕾丝叫作"睫毛蕾丝"。

市面上常常有很多仿造的尚蒂利蕾丝,它们与真品的外观非常接近,边缘却通常缺少那种特别的立体感和精细柔软度。

能够生产尚蒂利蕾丝的工厂大多历史悠久。这种蕾丝产量不高,因此价格昂贵,大部分货品只提供给奢侈品牌。

扁平梭结蕾丝(Valenciennes lace)

诞生于法国北部小城瓦朗谢讷,手工繁盛期大约在 1705—1780 年之间,之后生产中心转移到比利时。手工扁平梭结蕾丝在 19 世纪逐渐衰落,改由机器生产。

手工扁平梭结蕾丝也是在蕾丝枕上梭结而成的,通常会同时编织底网

扁平梭结蕾丝的局部细节图。

与图案，构成完整的一片。与其他蕾丝不同的是，扁平梭结蕾丝的底网网眼较大，图案紧凑、工整，通常不会用丝线勾勒出明显的图案轮廓。扁平梭结蕾丝的底网网格大多呈六边形（钻石形）。

克伦尼粗梭结蕾丝（Cluny lace）

克伦尼蕾丝起源于 19 世纪的法国，最早出现在罗瑞妮省的勒普伊和米瑞阔特，在英格兰中地蕾丝制造区也有生产。

克伦尼蕾丝是一种典型的梭结花边，与扁平梭结蕾丝和列韦斯蕾丝不同的是，它普遍使用结实的棉线织成，看起来比较粗重。

也有用较细棉线织就的克伦尼蕾丝，外观精细许多。

克伦尼蕾丝上大多有几何图案，常见的有放射状的尖角图案。据说这些图案的设计灵感来自巴黎克伦尼酒店古董博物馆的建筑外观，蕾丝也因此得名。

克伦尼蕾丝上常见的放射状尖角图案，设计灵感来自克伦尼酒店古董博物馆的建筑外观。

凸纹蕾丝（guipure lace）

凸纹蕾丝属于手工针刺蕾丝的一种，可以说是一种较为繁复的刺绣。制作凸纹蕾丝时，传统上可以不使用基布网，直接用针线在画好图案的硬底板上织出密集的蕾丝花边；也有在纹理较为稀疏的棉麻布上镂空针绣出的凸纹蕾丝。

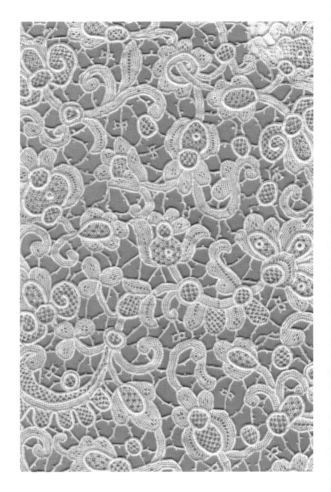

凸纹蕾丝。

现代凸纹蕾丝多由绣花机制作，在底网布上用机器针刺绣，最后经过化学处理让底布消失。我们常说的"水溶蕾丝"大多就是指凸纹蕾丝，它使用水溶性非织造的底布（像纸一样可溶于水），刺绣完成后再经热水处理，让水溶性底布化掉，留下有立体感的花边。

凸纹蕾丝制作时间长、用料多，因此价格昂贵，在传统的新娘内衣上比较常见。

刺绣蕾丝（embroidery lace）

　　刺绣蕾丝与凸纹蕾丝一样，属于传统的手工针刺蕾丝，是用针和线在网纱底布上按照设计好的图案刺缝而成的。现代刺绣蕾丝多由电子绣花机织成。蕾丝图案的立体感会通过线迹的粗细呈现。

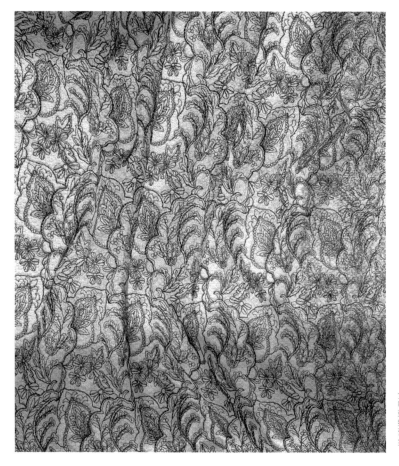

全幅刺绣蕾丝。

内衣课

244

拉歇尔蕾丝（Raschel lace）

拉歇尔蕾丝是目前市场上用量最大的蕾丝。

这种蕾丝由拉歇尔经编机生产，属于经编针织蕾丝。它的原材料多为锦氨，因此拉歇尔蕾丝大多属于弹力蕾丝。与列韦斯蕾丝不同，它使用提花设备编织图案，可以一次性编织整列线圈，从而实现快速大量生产。制作时所需的工人数量也比列韦斯蕾丝少很多，因此价格相对低廉。

现在，我们在市场上见到的蕾丝内衣，大多使用的是拉歇尔蕾丝。

除了传统的拉歇尔蕾丝外，近来又出现了两种电子针织的拉歇尔蕾丝：贾卡蕾丝（Jacquardtronic）和压纱蕾丝（Textronic）。设计人员使用专门的 CAD（计算机辅助设计）系统，将花型设计转换成经编机可以识别的信息，存储于磁盘中，再将磁盘插入机器，实现大规模生产。

在这两种电子针织蕾丝中，贾卡蕾丝底网样式较多，花型生动丰富。压纱蕾丝则会比贾卡蕾丝多使用一个压纱板，让花边更有立体感，呈现出刺绣的效果，外观与列韦斯花边最为接近。

| 蕾丝形状

很多人可能只见过作为衣物装饰品的蕾丝，不知道它原来的形状，更不知道它原本可以有多种形状。蕾丝的宽度、边缘形状等，都会对设计师使用它的方式造成巨大影响。

1. 全幅（all-over lace）

全幅蕾丝的宽度通常至少在 1m 以上，布幅可以不封边，侧边可以是被截断的图案。

全幅蕾丝可以直接作为衣物的主面料，比如直接使用它制作连体衣。

2. 条状（edge lace）

条状蕾丝也就是我们常说的"花边条"，宽度通常在 0.5～6cm 之间。

条状蕾丝可以用在布料边沿，也可以作为内衣的装饰使用。

3. 荷叶边（flounce）

荷叶边蕾丝的宽度不定，通常一侧是直边，一侧是波浪边。

荷叶边通常会成对制作，方便使用时左右图案对称。

4. 波浪边（galloon lace）

波浪边蕾丝的宽度通常在 15～20cm 之间，甚至更宽。两侧都是波浪边，图案对称。有的可以从中间剪开，分开使用。

5. 片状（motif lace）

片状蕾丝可以是左右对称的，也可以是不对称的。有些是为衣服上的某个部位特别设计的，比如领口、兜口。

| 什么是好蕾丝?

判断蕾丝好坏，除了看价格，还有两个简单的标准：

1. 图案清晰

蕾丝的轮廓和图案越清晰、立体感越强，对制作水平的要求就越高，价格也就越昂贵。

内衣课

2. 手感凉爽

我习惯在使用蕾丝前，先用手轻轻抓一下。如果有"热乎"的感觉，就不会购买选用，因为这样的蕾丝通常比较干涩，质量不好。

| 内衣主面料与蕾丝的搭配

制作内衣时，蕾丝与主面料的搭配相当重要，通常的搭配原则是：两者质地要般配。这主要是指两者的分量、薄厚、光泽度等要相配。

我们知道，蕾丝因为制作工艺不同，具有不同的薄厚度和分量，轻的有尚蒂利细花花边，重的有凸纹蕾丝。

原则上讲，内衣主面料应该搭配质地接近的蕾丝，比如棉麻内衣应该搭配棉线织成的克伦尼梭结蕾丝；丝绸面料要搭配尚蒂利蕾丝或者列韦斯蕾丝，至少也要搭配拉歇尔压纱蕾丝。

如果无法确定面料或蕾丝的质地，做设计时，也有一个简单的原则：从分量上看，蕾丝应该稍轻或稍薄于主面料，或至少与之薄厚度接近，这样搭配起来才会均衡舒服。

举例来说，如果内衣用的是轻薄的绸缎布料，搭配棉质的克伦尼粗梭结蕾丝显然就不太合适——蕾丝的分量太重，会导致衣服的整体线条断裂、不流畅。

另外，内衣主面料和蕾丝应该具有相同或相近的亮度。比如轻薄的绸缎面料通常十分有光泽，搭配丝质的尚蒂利细花蕾丝花边或列韦斯精细蕾丝花边等，就要比搭配暗沉的棉质蕾丝合适得多。

新娘内衣通常会用厚重的绸缎做主面料，搭配厚重的凸纹蕾丝很好看。也只有在制作新娘内衣时，可以使用重量超过主面料、具有强烈装饰

作者设计的"EMILY YU"睡衣，侧缝处对称使用了条状蕾丝。

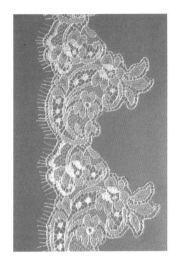

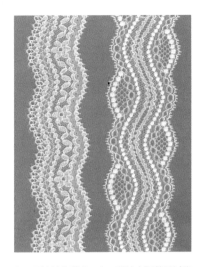

较宽的尚蒂利单边波浪蕾丝。

左：双边波浪蕾丝。右：可从中间剪开对称使用的波浪蕾丝。

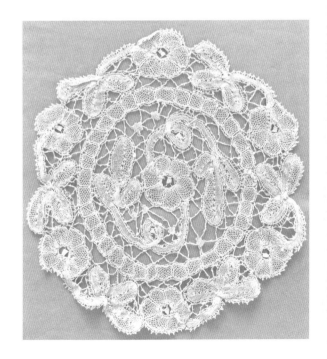

片状棉质蕾丝。

古董丝绸睡衣上搭配的列韦斯蕾丝。

感的蕾丝。

　　蕾丝是内衣制作中使用最多的辅料，它具有的通透性、图案复杂性和精致度，是其他任何布料都无法比拟的，因此很多女性对蕾丝制品毫无抵抗力。如今，蕾丝已不仅作为辅料存在，在不少内衣产品中，它都是绝对的主角。当然，蕾丝被过度使用的情况也时有发生。如果用文字比喻，可以说主面料是叙事，蕾丝是抒情。蕾丝如果能与主面料搭配得当，整件衣服就会像一篇好文章一样生动出色；可如果搭配不好、使用过度，就可能弄巧成拙。

　　让我们学会欣赏蕾丝，挑选适合自己的蕾丝内衣吧。

纽扣（button）

内衣上的纽扣，大多数情况下是有实际作用的，一粒放置得恰到好处的纽扣会起到画龙点睛的作用，特别是胸前第二粒纽扣。

美国作家卡佛说，一个放置恰当的句号具有锥心之力，而胸前第二粒纽扣之于衣物的作用就与此类似。

不过，纽扣很多时候也可以只起装饰作用，比如缝在织带上做成蝴蝶结，或者在领口一侧放几粒，另一侧不挖扣眼，纯粹作为装饰。好的装饰总是恰如其分，不会被人视作设计的失败。

制作内衣，尤其是睡衣时，最好不要选用分量太重的纽扣，比如金属材质的纽扣。

现在颇为流行的一款纽扣是贝壳纽扣（shell button），正面有天然的纹路和光泽，自然美观。

不过贝壳纽扣价格差异很大，质量差距悬殊。低价的贝壳纽扣可能用不了多久就会碎掉，所以有条件的话，还是应该尽量选用价格较贵的精品。尤其是在胸前这种重要位置上，一粒牢固的纽扣十分必要。

塑料暗扣也是内衣常用的辅料。透明的塑料材质轻便、隐秘，特别适合内衣。

花苞结与蝴蝶结（rosebud & bow）

花苞结与蝴蝶结可以说是最容易营造出浪漫、甜美效果的内衣装饰物。它们通常用织带制作，有时也会点缀其他装饰物，比如水晶石等。

我们多半会觉得，在衣服上缝制一两个蝴蝶结或花苞结只是为了好看——的确如此，它们虽小，却常常可以起到画龙点睛的作用。不过除此之外，花苞结和蝴蝶结很多时候也有着非常实际的功能。

一般来讲，玫瑰花苞结会缝制在衣服多条接缝的衔接处。比如胸口正中。几条缝纫线交会后，会形成线头团，即使工人在加工过程中非常用心地处理，也很难做得平整干净。如果在上面缝制一个花苞结装饰，就能轻易把问题解决，同时让衣服更加美观。

织带（ribbon）

织带大概是服装制作中最常使用的元素之一。

虽然织带早在 11 世纪就已出现，不过直到 20 世纪 90 年代末，它才作为时尚元素，被广泛用在内衣设计上。

它与内衣主面料的搭配方式多种多样，是一种具有极强装饰性和功能性的辅料。

| 织带的作用

织带直接在衣服上做贴边（taping）或包边（binding）时，如果不做撞色而做顺色处理，视觉上就会与主面料融为一体，不太起眼，以至于很多人都不会注意到它的存在。如果做撞色处理，配色恰当，则会产生出奇的装饰效果。

织带打成结，就成了蝴蝶结和花苞结一类的装饰物。

细软窄小的真丝织带，还可以用来做丝带绣。

用织带给衣服贴边或包边时，如果把布料斜裁，将边际尽力拉长，那么无论多么结实的布料边最后都能拥有游蛇般堆积的流动感。将这种缝纫方式应用于年轻女性所穿衣物的领口、腰部或大腿部位，效果就真如妩媚盛开的花朵一般。这是衣物装饰性和功能性完美结合的范例。

当然也有的设计师会像让 - 保罗·高缇耶那样，完全用织带制作一件衣服，把织带顺滑柔软的质地和充满韧性的结构充分表现出来。2014 年初，

用织带做成的丝带绣。

在纽约布鲁克林博物馆为高缇耶所做的生平回顾展上，有好几件展品都采用了大量织带作为衣物的延伸，表现出设计师运用这一辅料的娴熟能力和自信。那些堆积起来的织带，乍看之下没有形状、没有意义，背后却有着清晰的设计脉络。

| 我的织带缘

说起来，我跟织带算得上有妙缘。

在大学里跳过艺术体操，跳球操时总是很尴尬，皮球在手里待不住，人跑到台下观众席里追球的事时有发生；而带操就得心应手多了，即使将丝带抛入空中，它好像也会受神秘力量的吸引，最后总能稳妥地落回手上。那时候我就感觉到，织带这东西触感柔软，可以随意翻飞流转，内里却又有种蛇一样的韧力，很难失去控制。

后来进入纽约时装学院学服装设计，完成最后的毕业作品时，便使用了织带作为唯一的装饰物。那件作品由一条长睡裙和一条长睡袍组成，两件衣服的面料都选用了灰色绡（欧根纱），用橘色织带做了撞色的贴边处理。坐在观众席里，看模特穿着它出现在 T 台上，织带为衣物营造出的飘逸和悬垂感，多少又唤起了我当年跳带操时的感受。

那时候也想过，如果不用撞色织带，而是用顺色的灰色织带，成品肯定会有另一番效果吧。织带与主面料融为一体后，模特可能不会成为 T 台上的焦点，衣服却会因为装饰感的完全消失而变得清冷独特。

工作以后发现，织带的顺色处理其实处处可见。无论是用于衣物的正面贴边，还是背面裹边，很多时候，它都是掩藏毛边最方便的手段。顺色

高缇耶设计服装时经常使用织带元素。

处理也透露着一种高级感，多见于高端品牌的服装设计，比如香奈儿的小西装，大多使用顺色织带贴边。

那次做毕业作品时，我第一次去见了辅料供应商。虽然是带着已被老师批准的设计稿去的，可到了商家的仓库后，顶天立地几排架子上的织带，一下子就让我看花了眼。最后挑中的一款，无论尺寸、质地，还是颜色，都与我事先跟老师定好的设计方案完全不同。当时只觉得高兴，兴冲冲回到教室把衣服做了出来，没想到却遭到老师一顿痛骂。她命令我回去重选织带，做好的衣服也必须拆掉。

那时当着全班同学恸哭的情景，至今记忆犹新。后来终于明白，老师是想以那样一种不留情面的方式让我知道，定稿就是定稿。在制作服装的过程中，设计师太容易被层出不穷的新诱惑包围，如果没有定力和保持初衷的果决，你的工作台上就只会留下一件又一件未完成的作品，一个又一个未完成的项目。

时尚的魅力大概也在于此，它让我们不断被诱惑，却也要求我们不断做出割舍，最终保持自我才会有意义。

| 织带的种类

按编织方法，织带可分为平纹、斜纹、缎纹与杂纹几类。

按织物本身特性，织带可分为弹性织带与刚性织带两类。

按工艺，织带大致可分为梭织带和针织带，两类都可以有提花、印花及素色等样式。

常用于内衣制作的织带种类有：

涤纶织带（**polyester satin ribbon**）

尼龙织带（**nylon satin ribbon**）

有耳牙边的织带（**picot ribbon**）

绒面织带（**velvet ribbon**）

双面织带（**double face ribbon**）

欧根纱织带（**organza ribbon**）

绣花织带（**embroidery ribbon**）

真丝织带（**silky ribbon**）

滑扣与环（slide & ring）

在文胸出厂时，滑环的位置一般距离固定点 0 字扣 2.5cm 左右。这个高度最适于试穿衣物，也能给试穿者充分调节肩带长度的空间。

随着文胸穿着次数的增多、穿着者身材的变化，肩带会变得松弛或紧绷，这时需要调整滑环的高度以保证肩带的舒适。

需要使用滑环的内衣种类有文胸、吊带背心和吊带睡裙等。滑环大多设计在背后，有些也会放在前面。

为什么会有这些不同的设计呢？

以我自己的经验而言，我喜欢遵循的一条设计原则是：如果是真正意义上的睡裙或连身睡衣裤，那么肩带上的滑环就一定要放在前面，或者不用滑环。因为睡衣是睡觉时穿的，背后的滑环会在穿着者躺卧时硌到皮肤，对于比较瘦的人来说尤其不适。

但很多时候，内衣的调节功能是必不可少的，不使用滑环时该怎么办呢？设计师总会想出巧妙的办法。

右图中，设计师采用了系绳的设计，替代滑环调节内衣肩带的长短。能在实用性非常强的地方做出奇妙的设计，考验的是设计师的想象力。这些用心的细节，也是设计师最希望购买者注意到的。

内衣课

用系绳替代滑环调节肩带的长短。

松紧带（elastic band）

松紧带从 1876 年起被应用于女式内衣。同年的一篇文章写道："在巴黎可以看见新近的若干发明，其中之一就是用橡胶制作的松紧带。人们用松紧带来代替肩带、手套和女人紧身胸衣上的螺旋形铜丝。它很适用，不会像钢丝弹簧那样剐破衣裳。"

在现代内衣里，扁平、不花哨的松紧带使用频率极高。松紧带有厚有薄，有宽有窄，在恰当的位置选用尺寸恰当的松紧带尤为重要：太宽会勒束身体，太窄则可能力道不够。

内裤最重要的辅料就是腰间和脚口的松紧带。缺乏足够回弹能力的松紧带会让内裤显得毫无生气。

文胸设计中会使用到松紧带的地方很多：肩带、底围带、夹弯、杯口等，不同位置对松紧带的弹力要求也不同，所以一件文胸上有三四种不同厚度、宽度和弹开度的松紧带一点也不奇怪。

松紧带通常藏在面料暗处，或包裹其中。不过，如今运动内衣上的松紧带被越来越多地暴露在外，有些甚至因为印有品牌标识或图案而充满设计感，成为内衣上存在感极强的元素。

拉锁（zipper）

家居服常使用拉锁。

除家居服之外，其他内衣品类应尽可能谨慎使用拉锁，尤其不要将之用在贴身一层的衣物上。因为拉锁大多采用金属、塑料或橡胶等较硬材质，直接贴肤会让人感觉不适。

选择拉锁的材质时，一定要综合考虑面料的材质，太重的拉锁会使布料走形，失去流畅的悬垂感。

分寸感大概是设计师毕生追求的目标，穿着者又何尝不是如此呢？

内衣款式及工艺术语词汇表 ①

1. 文胸类

balcony bra ｜ **平罩杯文胸**

一种带钢托、低胸、方形领口的文胸。两条肩带离得较远，比一般文胸的肩带离脖颈更远，通常在靠近钢托外侧的位置。

bandeau bra ｜ **绑兜式文胸**

外观类似一条绑带，通常无肩带、无钢托，款式简单，接近运动文胸。

bra ｜ **文胸**

名称源于法语"brassière"，意为紧身胸衣。现代文胸出现于 20 世纪早期，是为支撑和塑形胸部而设计的。通常有两个罩杯，有的有钢托，有的无钢托，有的使用肩带，可通过后背的钩眼扣调节胸围。

bra pad ｜ **文胸垫**

用布包裹的小海绵垫，可以放在文胸的罩杯内，从而提升胸部轮廓。文胸垫有时是插片式的，可以随意装卸。现代文胸垫更多使用硅树脂制作，让胸部看上去更为自然。

bra wire / underwiring ｜ **文胸钢圈**

一种细扁的半圆形金属条，通常包在尼龙布下，放置在文胸罩杯的下方边缘，以增强和突出胸部线条。钢圈有不同尺寸和形状，可以给罩杯不同的轮廓。

cup ｜ **罩杯**

文胸上像口袋一样的部分，可以支撑胸脯，给予胸部优美的线条。

hook and eye ｜ **钩眼扣**

缝在布料上的小金属挂钩，是用来开合文胸、胸衣的常见配件。

moulded cup bra / contour ｜ **模杯文胸**

用无接缝模杯制作的文胸。整个文胸或罩杯部分使用热压模型技术制作，有不

---

① 词汇按英文首字母顺序排列。

同的罩杯尺寸。

multiway bra / convertible bra｜活动肩带文胸

这种文胸的肩带可以被随意调节成斜肩式、后背交叉式，或直接去掉肩带。

plunge bra｜深 V 罩杯文胸

一种杯口呈深 V 形的文胸，通常带胸垫，给予胸脯抬高效果。

push-up bra｜聚拢型文胸

深 V 罩杯文胸的一种。

shoulder strap｜肩带

连接文胸前部和后部的细带，通常用松紧带制作，通过滑环调节长度。

sports bra｜运动文胸

适合运动时穿着的文胸。通常针对运动中的身体形态，给予胸部特别的支撑，并提升舒适感。

strapless bra｜无肩带文胸

一种没有肩带的文胸，通常带有衬垫，在 20 世纪 50 年代最为流行。现在经常配有硅树脂材质的透明肩带，制造"无肩带"的效果。

T-shirt bra｜T 恤文胸

一种无缝模杯式文胸，在美国较为流行，适合穿在针织衫、紧身上衣或裙子下面。

triangle bra｜三角软杯文胸

一种无钢圈的文胸，流行于 20 世纪六七十年代，底围只有一条松紧带，罩杯由两片三角形布料制成。

underband｜底围

文胸下部围住身体的部分，通带与罩杯缝合在一起。

wing｜侧比

又称侧翼，后比与罩杯之间的连接部分。

2. 内裤类

bikini briefs｜比基尼内裤

从比基尼泳装演变而来，流行于 20 世纪 70 年代。

boxer shorts | 平角短裤

　　最初是一种男式短裤，外形与拳击手所穿的短裤类似。

boy shorts | 男孩式短裤

　　一种模仿男式拳击手短裤制作的女式内裤，一般比男式内裤更紧更短，包裹臀部。

briefs | 短裤 / 三角裤

　　最常见的内裤款式之一，也常被用来泛指所有款式的女式内裤。

crutch lining | 底档

　　内裤档部的衬布。

French knickers | 法式内裤

　　一种经典的宽松式内裤，出现于 20 世纪二三十年代，通常使用华贵的梭织面料斜裁制作。

panty | 内裤

　　美国对女式内裤的统称。

shorty | 超短内裤

　　一种短裤式样的内裤，比普通内裤更为短小，通常带有女性化的装饰。

tanga | 汤加内裤

　　一种短小的内裤，前后片用松紧带或缎带连接。

thong | 丁字裤

　　一种内裤款式，前片与普通内裤差别不大，后片只使用极少布料。

3. 塑身衣类

boning | 龙骨

　　胸衣中起支撑作用的配件。传统的龙骨用鲸骨制作，后来用钢材。钢质龙骨有扁平和圆形之分。现代工业生产的胸衣多使用尼龙龙骨。

bustier | 紧身褡

　　传统的紧身褡是一种长及腰部或在腰以上的胸衣，无肩带，带龙骨或钢托。如今紧身褡的含义更为宽泛，也包括带肩带的胸衣。

corselette | 胸甲

　　也称胸衣、束腹衣，是结合了文胸和束腰衣的一种内衣款式，于 20 世纪 20 年代开始流行，50 年代风头最盛。通常文胸部分有钢托，下摆配有吊袜扣衬。

corset | **束胸衣**

传统内衣款式，使用无弹性布料制作，通常带龙骨，通过交叉系带调节松紧，旨在塑造女性从胸部到臀部的身体轮廓。不同年代的束胸衣有不同的设计风格。

corset cover | **胸衣罩衣**

维多利亚和爱德华时代的一种内衣，通常穿在胸衣外面，避免昂贵的外衣被胸衣上坚硬的配件磨坏。

girdle | **袜带束腹衣**

20 世纪前半期出现的束腹衣款式，可以勒束腰部，塑造腰部和臀部线条。20 世纪后半期因为氨纶纤维的出现再次流行。传统上下摆有吊袜带的扣衬。现在的"girdle"则多指吊袜带。

lacing | **系带**

用来系紧胸衣的带子。大多数古典胸衣都是在后背系带。

shapewear | **塑身衣**

现代内衣的一种类型，通常能给身体特别的支撑。

waspie | **紧身胸衣**

短款胸衣，通常围在腰间，通过系带或钩眼扣开合。

4. 睡衣类

babydoll | **娃娃裙**

短小、宽松的睡衣。通常呈 A 字形或有高腰线接缝。娃娃裙在 20 世纪 50 年代最为流行，经常使用透视面料，如雪纺、六角网眼纱或尼龙经编纱。经常饰有蝴蝶结、荷叶边和缎带等。通常搭配精巧的内裤穿着。

ballet-wrap | **芭蕾裹衣**

一种小上衣，有长袖或短袖，前身领口交叉呈 V 字形，用长带系在腰间。因为芭蕾舞女经常穿这种裹衣而得名。

bed jacket | **短寝衣**

诞生于 18 世纪的一种短外套。通常下摆在腰部以上，夜晚可穿在睡衣外面。

camisole | **背心**

通常肩带较细，穿在外衣下可使文胸线条更加平滑。现在背心也可以当作外衣穿。

chemise ｜**及膝无袖睡裙**

一种直筒式短睡裙。

combination ｜**连衫裤（连裤衬衣）**

上衣为衬衫风格的连衣裤。

full slip ｜**全身长衬裙**

一种轻薄的无袖内衣，通常有细肩带，有不同裙长，可以穿在长裙或短裙下。

half-slip ｜**半衬裙**

一种穿在外衣裙子下的轻薄短裙，有不同裙长。也被称为腰衬裙（waist-slip）。

kimono robe ｜**和式睡袍**

从传统日式和服变化而来的睡袍，前后身呈方形，袖子宽大，整体呈 T 形，用梭织棉布或丝绸制作，经常使用大印花图案。

nightdress ｜**睡裙**

睡觉时穿的连身裙，有不同裙长。

night shirt ｜**睡衫**

睡觉时穿着的宽松长衬衣，冬天穿的睡衫通常用保暖性能较好的拉绒棉布制作。

peignoir ｜**女式晨衣**

名称来自法语"peigner"，意为梳头，最早是指女人早起梳头时穿的衣服，现在指居家穿着的长袍加睡衣套装。

petticoat ｜**衬裙 / 内裙**

旧时指女性骑马时穿的裙子，现在指一种紧腰身的内衣裙。20 世纪 50 年代的衬裙多用较硬质地的面料，如用尼龙、雪纺、塔夫绸和六角网眼布等制作的多层带荷叶边的塔式衬裙。现在它作为一种时尚再度流行，通常颜色较为艳丽。

pajamas / pyjamas ｜**分身睡衣**

名称来自波斯文，意为穿在腿上的衣服。19 世纪晚期被英国人从亚洲殖民地带回本国，作为家居服穿着。后来发展为男士晚间穿着的上衣和裤子套装。现在女式睡衣裤套装也十分流行。

robe ｜**睡袍**

指在家起居时穿在睡衣外的衣服，在英国也称"dressing gown"。

short all-in-one ｜**连裤内衣**

也叫"Teddy"，流行于 20 世纪 20 年代，是细带贴身背心与宽松短裤的结合。现在的连裤内衣多用时尚面料制作。

内衣课

5. 制作工艺类

bias-cut ｜ **斜裁**

将布料垂直线扭转 45 度的一种裁剪方式，可以让衣服更飘逸随身。传统的梭织布料衬裙通常是斜裁的。

binding ｜ **包边**

用织带（或布条）将布边完全包起来的缝纫方式。

lettuce hem ｜ **莴苣叶滚边**

一种波浪边，类似生菜叶边缘。

picot ｜ **耳牙边 / 锯齿边**

在缎带或蕾丝边上织出的一种环形装饰，是内衣上常见的装饰元素。

pintuck ｜ **细褶**

均匀的细窄折褶，有压平和不压平两种，是内衣上常见的装饰元素。

shirring ｜ **抽褶**

细碎的褶皱。

scallop edge ｜ **扇贝边**

一种形似扇贝的半圆形花边，常用蕾丝制作。

taping ｜ **贴边**

一种缝纫方式，将织带缝在布边上。

内衣面料词汇表 ①

1. 弹性或针织面料

bamboo fabric｜竹纤维

用从竹草里提取的浆液制作的面料，轻却坚韧，有极好的吸附能力，可以快速吸走皮肤上的水气，因此也具有一定的抗菌作用，可以帮助减少沾染在衣服上的细菌和令人不悦的气味。另外，竹纤维面料还有隔热、绝缘功能，夏天穿着时让人感觉凉爽，冬天则感觉温暖。

combed cotton｜精梳棉

指经过梳理剔除了短纤维和残纤维的棉布面料。梳理过的棉布更干净、整齐，更有光泽。

cotton｜棉

一种自然纤维，长度一般在半英寸到两英寸（1.27～7.62cm）之间。匹马棉和多种埃及棉都能制造出高级棉布。

double knit｜双面针织物

一种针织面料，由两层不能分开的线圈织成，需要使用有两套针的双面针织机。

Egyptian cotton｜埃及棉

所有生长在埃及的棉都叫"埃及棉"。在很多消费者眼中，埃及棉是世界上最精细、纤维最长的棉，不过并非所有埃及生产的棉都是"特长短纤维棉"（ELS）。

jacquard knit｜提花针织物

使用提花机器织出的布料。提花机器可以控制单针或一小组针，织出复杂和鲜明的图案。

---

① 词汇按英文首字母顺序排列。标 "*" 的为经常出现在内衣标签上的面料。

jersey｜单面针织物

也叫平纹针织物，表面纹路成纵线，没有明显螺纹，有良好的伸缩性，易于成形。和普通布料一样，可以裁剪使用。

这种布料最早是由英国泽西岛上的羊毛织成的，英文名称也由此而来。

knit｜针织物

针织布料因为纤维结圈，故都带有弹性。针织布料包括单面针织、网眼织物、毛巾料、毛毡、羊毛状织物等。

lycra｜莱卡 *

莱卡原本是杜邦公司注册的氨纶纤维商标，由于该公司在氨纶市场的垄断地位，莱卡成了氨纶面料的代名词。它完全取代了传统的弹性橡筋线，在体操服、游泳衣这些对弹性具有较高要求的服装中，几乎是必不可少的面料。

参见"spandex｜氨纶"词条。

mercerized cotton｜丝光棉 *

由经过丝光处理、膨胀的棉线织出来的布料。有光滑的表面，不易缩水。比一般的棉布更结实更有光泽，也更易于染色。

mesh｜网眼织物

网状透视布料，可以针织也可以梭织，有的有弹性有的没有。

modal｜莫代尔 *

一种山毛榉纤维，本质上是人造丝的一种。莫代尔面料的吸水性比棉更好，布料柔软，垂感好，据说透气性也比棉更好。用莫代尔面料制作的衣服有抗褶皱的特点，易于打理。

microfiber｜微纤维

纤维单位极小的纺织材料。最常见的微纤维面料有化纤、尼龙，或尼龙与化纤的混合，是当下市场上制作文胸和内裤常见的面料。

micro modal｜微莫代尔

由澳大利亚蓝晶公司注册商标的一种微纤维面料，非常精致，分量轻。表面光滑，可以防止洗涤剂的沉淀，经过多次洗涤后仍然柔软、光滑、色泽明亮鲜艳。微莫代尔比棉的吸水力强，穿在身上可以让皮肤更好地呼吸，增强舒适度。

nylon｜尼龙 *

以极佳的柔韧性和回弹性著称的合成纤维。尼龙布料干得快，自然不用担心缩水和起褶的问题。20 世纪 50 年代由杜邦公司研发的尼龙是第一种真正意义上商业化的合成纤维，它具有丝的光泽，拉伸力比羊毛、丝绸、人造丝或棉都好。尼龙便于洗涤，干得快，无须熨烫，总能保持原态。

polyamide（PA / P. A.）| **聚酰胺** *

合成聚酯纤维的统称，最著名的聚酰胺面料是尼龙，知名的聚酰胺品牌有 Tactel 和 Meryl 等。

polyester | **聚酯纤维** *

一种人工合成纤维，流行于 20 世纪 70 年代。这种面料的特点是干得快、经穿、着色能力好。

rib knit | **螺纹织物**

一种线圈在横列上交互排列的针织布料。比普通针织布料的弹性更好，也更结实，更贴合身体，经常被用来制作 T 恤衫，以及袜口、袖口和领口。

soy | **豆织物**

使用大豆纤维纺成的布料，被认为是一种十分经济的面料。与天然丝绸相似，豆织物布料上偶尔会出现纱节，但并不破坏美观，反而给布料增加了天然美感。

豆织物令人难以置信地柔软，有光泽，容易打理。

spandex | **氨纶** *

一种用聚氨基甲酸酯制作的合成纤维，以弹力强、分量轻著称，结实、经磨，不吸水和油。对于对乳胶成分过敏的人来说，氨纶内衣是最好的选择。这种面料于 1959 年由杜邦公司研发，为内衣工业带来了革命性的变化，让内衣在支撑和塑造身体的同时也可以具备高弹性，以适应身体的运动。

氨纶在一些国家也被称为"elastane"。

Supplex*

由杜邦公司研发的一种尼龙面料，虽然是人工布料，却像棉一样柔软。分量轻，易干，结实。

Tactel*

由杜邦公司生产的一种尼龙面料。比一般的尼龙更柔软，更具丝光度，分量轻，易干。

tricot | **经编织物**

一种精细的针织面料，横向和纵向都有弹性。这是一种专门为内衣工业研发的面料，可以由尼龙、羊毛、人造丝、丝绸、棉或其他纤维制成。

内衣课

viscose │ **黏胶纤维** *

一种从木头中提炼的纤维素，通常用来制作内衣的针织布料，特点是柔软、悬垂感好、光泽度高。

2. 无弹性或梭织面料

batiste │ **上等细亚麻布**

一种轻薄但不透明的梭织棉布，是维多利亚和爱德华时代常用的内衣布料。

brushed cotton │ **拉绒棉布**

经梳理后，表面产生了一层细绒的棉布。有单面拉绒棉布和双面拉绒棉布。

chiffon │ **雪纺**

一种非常轻薄柔软的布料，用丝绸、化纤、人造丝或其他纤维梭织而成，单薄轻透。

crepe georgette │ **乔其纱**

一种带有明显细碎皱纹的薄纱织品。

eyelet fabric │ **镂空布料**

这种布料的镂空处通常有针绣或绣花，以防止布料脱线。

faille │ **罗缎**

一种柔软、有光泽度、有精细螺纹、类似真丝的梭织布料，用棉、丝绸或人工纤维制作。

flannel │ **法兰绒**

一种柔软而有绒面的毛织物，诞生自 18 世纪的英国威尔士。

French terry │ **毛圈布**

一种正面光滑、背面有线圈的针织布料。常用来做睡衣和家居服。

jacquard │ **提花面料**

带有提花图案的面料，提花图案被织进面料中，而不是被印在面料上。凸花纹织物和锦缎都属于提花梭织布料。

linen │ **麻** *

用亚麻植物木茎里取出的麻纤维制作的布料，具有许多优良的性能。麻比棉结实很多，也比棉有更高的光泽度。麻布非常凉爽，散热性能佳，吸湿速度快，能帮助皮肤排汗，清洁皮肤，但容易起皱，除非与人造纤维混纺。

麻是世界上最古老的纺织品之一。在西方，人们对亚麻的宠爱久盛不衰，历经几个世纪，即使在化纤产品快速发展的浪潮冲击下，亚麻服饰仍能在市场上独领风骚。

microfleece ｜ **微羊毛织物**

一种外观类似羊毛织物的、极其柔软的合成布料。泰迪熊玩具通常使用这种布料制作。它也是睡衣的常用布料。

muslin ｜ **麦斯林纱**

原产自麦斯林的一种平纹细布料，丝绸或棉质，现多立体裁剪。

rayon ｜ **人造丝** *

用木浆、棉绒毛或其他植物原料制成的具有丝般手感的布料。吸水性能好，贴身穿着舒服，但不是纤维结实的布料。

satin ｜ **缎**

一种正面光泽度极高、背面为磨光面的梭织面料，可以由多种纤维制作。比较常见的梭织缎面料有：鞋面花缎、皱缎、罗缎、婚服缎、鼹鼠皮缎、疙瘩双面缎。

silk ｜ **丝** *

蚕丝制成的面料。

tulle ｜ **六角网眼纱**

一种轻薄的网眼布料，因最初产自法国小镇 Tulle 而得名。通常用尼龙制作，现在也可以用丝棉混合材质制作。

velour ｜ **丝绒 / 棉绒**

一种有蓬松感的布料。

woven ｜ **梭织布料**

梭织布料是由两股线织成的，一股横向一股纵向。梭织布料没有弹性，包括麻、牛津布、缎、雪纺、条绒、帆布、粗花呢等。

后记

母亲的身体与我的生命

距离上一版《内衣课》出版，快 7 年了。这 7 年里，除了发生了至今仍看不清结局的疫情，我的个人生活被彻底打乱之外，另一个对我影响至深的变化，是母亲离开了。

母亲于 2018 年 8 月去世，终于脱离了这片令她万分痛恨又万分不舍的苦海。我们姐弟三人拖了很久，才开始清理她的遗物，原本很怕触景伤情，最后倒是有很多泪中带笑的时刻。母亲一生爱干净，家里永远规规整整，没想到打开柜门、箱子盖、床底座，才发现她在犄角旮旯里塞了那么多东西，全部掏出来堆到地上，量真是骇人。北京的灰尘大，她把每一件（真的是每一件）东西都装进塑料袋，再用塑料绳捆扎结实，所以光是解开这些塑料包就用了我们不少时间。

这么多年，这是我第一次也是唯一的一次，真正看到她活着时过的是怎样的日子。

清理完毕，我拿了她的一些东西走，大致有这样几类：

第一类是她用过的锅碗瓢盆。都不是太好的东西，那些不锈钢器皿，她都买的是市面上可以买到的最薄的那种，感觉用海绵擦搓洗几次，颜色就会被擦掉。不粘锅也是，薄得跟纸片一样。母亲过得真是省啊。我其实是有点气的，一辈子都用了些什么？怎么就不能给自己弄点好东西用用？！不过她的品位不差，即便是便宜货，样子也不难看。我那时候正在卖旧屋、找新屋的过渡时期，这些东西拿来过渡是不错的，但经常性地日用，我一定不肯。

其次是我送她的礼物，主要是首饰，这次也都拿回来了。也没有什么值钱的东西，最好的不过是一套施华洛世奇的项链和手链，仍然装在蓝丝绒盒里，想必她都没怎么拿出来过。盒子里还埋着一张字条，写着"×年×月×日　丹从美国返京时赠我"。类似的字条在我送她每一件礼物的包装里都有，有的是她写的，有的是我附给她的信，她都完好地留着。一直觉得自己是游离在家之外的孩子，看到这些字条才知道，她其实仔细记录着我每一次回家的日期。

还有就是她的衣物了，而且主要是内衣。有一些是我送她的，比如一套HANRO的淡蓝色睡衣裤，上面有品牌标志性的刺绣蕾丝；也有几件是我在美国供职的公司里做的产品，都是崭新的，吊牌都在，连皱褶都是原样。我拿回来以后，仍原封不动地放进了小皮箱，估计也会就那么放着了。

我也拿了几件她自己买的内衣，有的穿过，有的没穿过。最让我吃惊的是几件文胸，即使现在仍然耐看，母亲的品位真的不俗。从她的内衣中，我一眼就能看到自己喜欢内衣的基因。

比如，她喜欢棉质文胸，我也喜欢；都很柔软，不知道是被她洗软了，还是本来就软。她喜欢的棉多是梭织棉，我也喜欢。梭织棉是老派内衣爱用的布材，可母亲的这几件样式并不老气，倒是时髦到可以当作经典

内
衣
课

款式被不断效仿。我那时候正在开内衣课，给学员们讲解时，常会拿出这几件文胸展示；后来为一家读书平台录制"内衣课"视频，也用它们来当道具。母亲喜欢颜色清淡柔和的文胸，我也喜欢；有的有天真的几何图案，有的镶着精巧但绝不繁杂的花边儿，看得出直到老年，她对于贴身衣物还抱持着一份少女心。

其实她应该一直都希望活在她的少女世界里，希望一辈子被人宠被人惯，不想有孩子，更不想当祖母。在我还有可能生孩子的年龄，她是唯一一个一再劝阻我不要生的人——甭要，什么用都没有。

这可能是母亲在世时，我们关于我的身体唯一谈论过的话题。真的，回想起来，我们从没讨论过任何其他与我身体有关的事。就连我的第一条月经带，都是我感觉到青春期将至，趁家中无人，偷偷翻出来姐姐的那条悄悄照着做的。我一直记得被母亲发现时她的那双眼睛，警惕、怀疑、审视，像明晃晃的刀片飞过来。我立刻像做了见不得人的事，慌忙掩盖现场，身体皱成一团。成年以后，有一次弟弟出事，她和父亲召我火速回家想办法。那天的前一天我刚做了流产，可我跟他们怎么都羞于开口，硬撑着回到家。大概我一进门，母亲就一眼看出了我的虚弱，一直用犀利的眼神盯着我看，却始终什么都没问。我们相处的这一生，她似乎完全不想了解我的身体，除了有那样的几次，她看到我圆滚的上臂，会立刻翻起袖子，露出她的："瞧你的肉还挺结实的，再看我的，就剩皮包骨了。"我讨厌那样的自怨自艾，冷酷地回应道："我才多大，您跟我比？"而我也一直是这样选择性地无视她的身体需求，尤其是在她晚年，每次我回家，她都急切地把一双饱受病痛折磨的手伸向我，我总是本能地躲避着。甚至在她临终前几天，躺在医院的病床上，我也没拉过她的手。

2015年，《内衣课》首次出版时，一家媒体来拍摄视频。我讲到每年我从纽约回北京探亲，都会带一些公司里清仓的内衣产品给家里的女性。每次大家都兴致勃勃等着我从包里往外掏那些好看的东西，有一次母亲远远地站在门口，问了一句："有没有合适我的？"我看都没看她就说，应该没有。说完，还更大声地跟房间里其他人继续说笑。不过我还是用余光扫了她一眼，她驼着背，默默转过身，悻悻地走了。

这则采访视频播出以后，有人留言问我："你后来有没有给母亲做一件合适她的内衣？"

没有。

在初版《内衣课》"文胸"一章的导言里，我曾写道："一个女人的一生，大多要经历发育、生育、更年期等从成长到衰老的生理变化过程。如果说乳房是这个过程最直接的反映，那么文胸则是女性生命最温情又最冷静的见证者和守护者，也是不乏冷酷的提醒者。"最后这句话，只有我自己知道，就是为母亲那个瘦小的、佝偻的、落寞的背影而写的。

这份遗憾，在看到她遗物里那几件几乎要穿成条状的文胸时，更加刺痛我。后来我时常想，假如母亲当年曾帮我准备过第一条月经带，我是不是就会给晚年的她做一件适合的文胸呢？我的生命是她用身体孕育的，而我的身体，是她用生命给予的。可我一旦脱离她的身体，就再也没能找到回去的路，可能要等到下一次生命轮回才能与她再相遇了。

这份遗憾，也是我写作新版《内衣课》的动力之一。

这是我能送给她、她也会欣然接受的一件礼物。她从来没有跟我讨论过我写的东西，但她把我送她的每一本书都包好了封皮，干净整齐地摆放在书柜里那张全家福的后面。

我也想把这本书献给世上每一位有女儿的母亲，以及每一位有母亲的女儿。希望每一对母女跟彼此身体的相处，都不仅仅是我们从各自身体分离前那短暂又漫长的 10 个月。

谢谢包立。

我们 2017 年 7 月 1 日开始共事，记得你说过，那个夏天投简历给我，是因为看了《内衣课》。过去的 5 年，我们一起经历了生命中的很多重要时刻，最终，你也成为这些时刻之一。谢谢你用自己的方法让我一直在学习成长，学习接受韶华渐去时的彷徨，学习接受每一种别离后的撕裂和感伤。谢谢你为新版《内衣课》所做的一切。希望你在过早地成为一家之主后，还能永远是那个才华横溢、鲜活勇敢的栗子。

谢谢明静。

今年我才了解你的身世，为你能在大悲大恸中成长为如此优秀温柔的艺术家而感慨万分。谢谢你为两版《内衣课》贡献的才华。

谢谢张梦、毛毛。

你们为这本书在大理拍摄的照片，虽然最终没能如愿出现在书里，但会永远留在我心里。

谢谢 JUAN。

你让我时时刻刻感受到女性的力量，也让我相信无论身处多么黑暗的时刻，都会有重新照亮我们的一道光。你就是那样的光。

谢谢爽、小鹿和心怡。

没有你们，没有你们的坚持、较真和智慧，就没有这本书的现在。

最后，感谢这两年来以各种方式参与过"姜好"不同进程的每一位女性。

在这段特殊历程中，我不断见证了女性的坚韧，以及对美好生活最热切的追求。

从《内衣课》首次出版的那一天，我就在期待再版的这一天。如愿以偿的百感交集，愿与亲爱的读者们分享。

图片版权说明

内衣课